云计算与分布式系统：技术、管理与应用

曾 赟 著

中国商务出版社

·北京·

图书在版编目（CIP）数据

云计算与分布式系统：技术、管理与应用／曾赟著.
北京：中国商务出版社，2025.3. -- ISBN 978-7-5103-
5673-5

Ⅰ. TP393.027；TP316.4

中国国家版本馆 CIP 数据核字第 20253LE677 号

云计算与分布式系统：技术、管理与应用

曾　赟　著

出　　版：	中国商务出版社有限公司	
地　　址：	北京市东城区安定门外大街东后巷 28 号	邮　　编：100710
网　　址：	http://www.cctpress.com	
联系电话：	010-64515150（发行部）　　010-64212247（总编室）	
	010-64243656（事业部）　　010-64248236（印制部）	
责任编辑：	李自满	
排　　版：	郑州柏步轩图书有限公司	
印　　刷：	北京九州迅驰传媒文化有限公司	
开　　本：	787 毫米×1092 毫米　　　1/16	
印　　张：	11.75	字　　数：203 千字
版　　次：	2025 年 3 月第 1 版	印　　次：2025 年 3 月第 1 次印刷
书　　号：	ISBN 978-7-5103-5673-5	
定　　价：	68.00 元	

前　言

　　云计算,作为一种基于互联网的计算模式,将计算资源、存储资源和应用程序等以服务的形式提供给用户,极大地降低了企业的 IT 成本,提高了资源的利用效率。用户不再需要投入大量资金和时间去建设和维护自己的数据中心,而是可以根据需求随时获取所需的资源。这种灵活性和可扩展性使云计算成为现代企业信息化建设的重要选择。与此同时,分布式系统的出现则为解决大规模计算问题提供了新的思路。通过将计算任务分散到多个节点上并行处理,分布式系统能够有效提升计算效率,增强系统的可靠性和容错能力。在大数据处理、机器学习、人工智能等领域,分布式系统的应用已经成为不可或缺的技术支撑。

　　本书先概述了云计算和分布式系统,接着探讨了云存储与分布式数据处理优化和分布式环境中的数据流动与管理,然后探讨了云服务的管理策略与实践应用,最后对云计算助力行业数字化转型进行了阐述。希望通过本书的介绍,能够为读者在云计算和分布式系统研究方面提供帮助。

　　本书由曾赟(黄河水利职业技术学院)著。本书在撰写过程中参阅了大量同领域的专著及文献,在此向这些作品的作者表示衷心感谢。由于时间仓促,书中难免存在疏漏,不足之处恳请读者批评指正。

著　者

2025 年 2 月

目　录

第一章　云计算概述 …………………………………………………………………… 1

　第一节　云计算的构成与特征 …………………………………………………… 1

　第二节　云计算的基本架构 ……………………………………………………… 8

　第三节　云计算的核心技术 ……………………………………………………… 16

第二章　分布式系统概述 ……………………………………………………………… 29

　第一节　分布式系统的基本概念与特征 ………………………………………… 29

　第二节　分布式系统中的通信与协调 …………………………………………… 38

　第三节　分布式系统的容错与恢复 ……………………………………………… 47

　第四节　分布式系统的负载均衡与性能优化 …………………………………… 56

第三章　云存储与分布式数据处理优化 …………………………………………… 65

　第一节　云存储架构与性能提升策略 …………………………………………… 65

　第二节　分布式数据处理的优化技术与实践 …………………………………… 72

第四章　分布式环境中的数据流动与管理 ………………………………………… 84

　第一节　分布式环境中数据流动的基本概念与原理 …………………………… 84

　第二节　分布式数据管理的技术方法 …………………………………………… 93

　第三节　分布式环境中数据流动与管理的优化策略 …………………………… 101

第五章　云服务的管理策略与实践应用 …………………………………………… 110

　第一节　云服务的供应链管理 …………………………………………………… 110

　第二节　多租户环境中的资源优化 ……………………………………………… 120

　第三节　云服务的自动化运维 …………………………………………………… 130

　第四节　混合云和多云策略的实施 ……………………………………………… 140

第六章　云计算助力行业数字化转型 ……………………………………… 151

　第一节　云计算在制造业中的应用 ………………………………… 151

　第二节　金融服务行业的云计算创新 ……………………………… 160

　第三节　云计算提高医疗保健的效率 ……………………………… 166

　第四节　教育领域的云计算应用 …………………………………… 173

参考文献 …………………………………………………………………… 180

第一章　云计算概述

第一节　云计算的构成与特征

一、云计算的构成

（一）云计算的基本要素

云计算的服务模型是其重要组成部分，主要包括基础设施即服务、平台即服务和软件即服务。基础设施即服务提供基础的计算资源，如虚拟机和存储空间，用户可以在此基础上安装操作系统和应用程序；平台即服务提供一个开发平台，使开发者能够在不管理底层硬件的情况下开发、运行和管理应用程序；软件即服务是直接向用户提供软件应用，通过网络访问，用户无须关心软件的安装和维护。这些服务模型的多样性，使云计算能够满足不同用户的需求，从而广泛应用于各个行业。

云计算的部署模型包括公有云、私有云、混合云和社区云。公有云由第三方提供商运营，向公众开放，用户可以通过互联网访问资源。私有云由单一组织使用，具有更高的安全性和控制性。混合云结合了公有云和私有云的优点，允许组织根据需求灵活选择资源部署方式。社区云由多个组织共享，通常有共同的关注点或需求。这些部署模型的灵活性，使云计算能够适应不同规模和需求的组织。

（二）云计算的业务模型

云计算的业务模型具有多种灵活的服务模式，满足了不同企业的多样化需求。在这种模型下，企业可以根据自身的业务需求选择适合的服务类型，从而有效应对市场的动态变化。这种灵活性不仅提高了企业的适应能力，也为其在激烈的市场竞争中提供了强有力的支持。

云计算业务模型的成本效益显著，通过按需付费的模式，企业可以大幅度降低信息技术（Internet Technology，IT）基础设施的投入和运营成本。传统的IT

基础设施建设往往需要投入大量的前期资金,而云计算则允许企业根据实际使用量进行付费,从而避免了资源的浪费和不必要的支出。这种经济高效的方式使各类企业,尤其是中小型企业,能够以较低的成本享受先进的 IT 服务,提高了市场竞争力。

快速部署是云计算业务模型的一大优势。通过云计算平台,企业能够迅速上线新应用和服务,以满足不断变化的业务需求。传统的 IT 系统部署往往需要耗费数周甚至数月的时间,而云计算则可以在数小时内完成。这种快速响应能力使企业能够更快地抓住市场机遇,提高了业务的敏捷性和自身的创新能力。

云计算业务模型提供了高度的用户定制化服务。企业可以根据自身的特定需求配置和管理云资源,实现个性化的服务定制。这种灵活的资源管理方式不仅提高了系统的利用效率,也增强了企业对 IT 资源的掌控力。

全球化支持是云计算业务模型的一个显著特征。企业可以在全球范围内部署应用和服务,极大地提高了业务的可达性、扩大了市场覆盖面。通过云计算,企业能够轻松跨越地域限制,在全球市场中扩展业务版图。这种全球化的能力不仅促进了企业的国际化发展,也为其开拓新的市场提供了更多的可能性。

（三）云计算的技术架构

云计算的技术架构是其实现高效、灵活和可扩展服务的基础。云计算的分层架构通常包括基础设施层、平台层和应用层。基础设施层提供计算、存储和网络资源,是云计算的物理基础。平台层为应用的开发和部署提供环境,支持多种编程语言和工具。应用层是用户直接交互的界面,提供具体的服务和应用程序。各层之间通过标准化接口进行交互,确保资源的有效利用和服务的无缝集成。这种分层架构设计使云计算能够实现资源的动态调度和灵活配置,满足不同用户的多样化需求。

安全架构设计是云计算环境中不可或缺的一部分。数据安全、用户身份验证和访问控制是云计算安全架构的核心内容。通过加密技术和安全协议,云计算能够保护用户数据的机密性和完整性。身份验证机制确保只有授权用户才能访问特定资源,而访问控制则进一步细化用户权限,防止未授权操作。这样的安全设计不仅维护了用户的隐私和数据安全,还增强了用户对云服务的信任。

多租户架构的实现是云计算支持多个用户共享同一基础设施的关键。通过多租户架构,云计算能够在同一物理资源上为不同用户提供隔离的虚拟环境,确保各自的安全性和性能。多租户架构通过资源分配和隔离技术,防止资源争用和数据泄露,保证每个用户的应用能够稳定运行。这种架构设计不仅提高了资源利用率,还降低了服务提供商的运营成本,使云计算成为一种经济高效的计算模式。

二、云计算的主要特征

(一)按需自助服务

按需自助服务使用户能够根据实际需求随时访问和配置计算资源。这种灵活性显著减少了对传统 IT 部门的依赖,用户不必再通过烦琐的流程请求资源配置,而是可以直接通过自助服务门户获取所需的计算资源。这不仅提高了资源获取的效率,还使企业能够更迅速地响应市场变化和业务需求。在数字化转型的过程中,按需自助服务为企业提供了重要的技术支撑,使其能够在竞争激烈的市场中保持敏捷和灵活。

通过自助服务门户,用户可以快速获取所需的计算服务,这个过程极大地加快了业务的响应速度和灵活性。传统的 IT 资源配置往往需要经过复杂的审批流程,而按需自助服务则简化了这个过程,使用户能够在几分钟内完成资源的申请和配置。这样的效率提高不仅节省了时间成本,也为企业带来了显著的竞争优势。特别是在需要快速部署新应用或应对突发业务需求时,按需自助服务的优势尤为突出。

按需自助服务支持资源的动态调整,用户可以根据负载变化实时增加或减少资源使用。这种动态调整能力使企业能够更加高效地利用计算资源,避免资源的浪费或不足。通过实时监控和调整资源,企业可以更好地应对业务高峰和低谷,确保系统的稳定运行和性能优化。这种灵活的资源管理模式不仅提高了资源利用率,还降低了 IT 成本,为企业带来了经济效益。

按需自助服务模式增强了用户的控制权,用户可以自行管理和监控资源,提升了整体使用体验。通过自助服务,用户能够实时监控资源的使用情况,并根据需要进行调整和优化。这种自主性不仅提高了用户的满意度,也使企业能够更好地掌控其 IT 基础设施。通过监控和管理工具,用户可以获得更高的透明度,了解资源的使用效率和成本,从而做出更明智的决策。这种增强的控制权是云计算为用户带来的重要价值之一。

（二）广泛的网络接入

云计算具有广泛的网络接入能力。这种特性使用户能够通过各种设备，如个人电脑、平板电脑和智能手机，随时随地访问云服务，从而显著提高了工作和生活的灵活性。无论是在办公室、家中还是旅途中，用户都可以轻松地连接到他们所需的应用和数据。这种灵活性不仅提高了个人的生产力，也为企业提供了更大的运营弹性，使其能够快速响应市场变化和客户需求。

云计算的广泛网络接入依赖互联网的普及和发展。用户可以通过标准的网络协议，轻松连接到云服务，确保了服务的可用性和便利性。这种普及性使云计算成为一种无处不在的计算模式，用户不再需要依赖特定的硬件或软件环境，即可获得一致的服务体验。这种特征尤其适合现代企业和个人的需求，推动了云计算在各个领域的广泛应用。

为了支持多种接入方式，云计算服务提供商通常支持 WiFi、移动数据等网络连接方式。这种多样性增强了用户在不同环境下的接入体验，使云服务的使用不受地点和网络条件的限制。无论是在高速的光纤网络环境中，还是在移动网络的覆盖区域内，用户都能够获得稳定而高效的云服务。这种多样化的接入方式，进一步推动了云计算的普及和应用。

云服务提供商通过全球范围内的数据中心和内容分发网络来优化网络接入，确保用户在不同地理位置下都能享受到低延迟和高性能的服务体验。通过在全球范围内部署数据中心，云服务提供商能够将计算资源和数据存储分布到离用户最近的地方，从而缩短网络传输时间，提高响应速度。这种全球化的网络架构不仅提升了用户体验，也增强了云服务的可靠性和安全性。

（三）资源池化

资源池化是云计算的核心特征之一，其通过将计算、存储和网络资源整合在一个共享池中，显著提高了资源的利用效率和动态分配能力。这种整合方式不仅减少了资源闲置现象，还优化了资源的使用，从而降低了运营成本。在资源池化的环境中，资源的分配可以根据需求的变化进行实时调整，确保每个应用或用户都能获得所需的计算能力和存储空间。这种高效的资源管理方式是云计算能够提供灵活、可扩展服务的基础。

资源池化支持多租户环境。多租户架构允许多个用户在同一物理基础设施上独立运行应用和服务,而不会相互干扰。通过严格的安全隔离和性能隔离机制,资源池化确保了每个用户的数据隐私和操作的安全性。这种能力使云服务提供商能够在共享资源的同时,提供与专用硬件相媲美的安全性和性能,从而吸引更多企业和个人用户采用云计算服务。

动态资源管理能力是资源池化的关键特性之一。云服务能够根据实时的资源需求自动调整资源分配,以应对负载变化和突发需求。这种灵活性不仅提高了服务的响应速度,还增强了系统的可靠性和可用性。通过自动化的资源调度,云计算平台能够在不影响用户体验的情况下,优化资源使用效率,并在高峰时期提供无缝的扩展能力。这种特性对于需要快速适应市场变化的企业而言,具有重要的战略价值。

资源池化通过虚拟化技术实现了资源的抽象化和管理简化。虚拟化技术将物理资源抽象为可配置的虚拟资源,使用户可以根据自身需求灵活地配置和监控计算资源。资源池化不仅简化了 IT 管理,还降低了技术门槛,使企业能够专注核心业务,而不是复杂的 IT 基础设施管理。这种简化的管理方式使云计算更具吸引力,推动了其在各行业的广泛应用和普及。

(四)快速弹性

云计算的快速弹性使云计算能够根据用户需求的变化,迅速扩展或缩减资源,确保服务的连续性和可用性。通过快速弹性,企业可以在需求高峰期迅速增加计算资源,以应对突如其来的用户访问量激增,同时在需求回落时,快速释放多余的资源,以降低运营成本。这种能力使企业在面对不确定的市场环境时,能够保持竞争优势,迅速响应客户需求变化。

弹性资源管理通过自动化工具和算法优化资源分配,减少了人工干预,提高了云服务的响应速度。传统的 IT 基础设施通常需要大量的时间和人力来调整资源配置,而云计算的快速弹性通过自动化的方式,极大地缩短了调整时间,提高了资源利用效率。这种自动化的资源管理方式,不仅降低了运营成本,还减少了人为错误的可能性,使云计算服务更加可靠和高效。

快速弹性支持高峰负载处理,允许企业在流量激增时迅速增加资源,确保用户体验不受影响。对于电子商务、流媒体服务等对用户体验要求极高的行业而言,快速弹性意味着企业可以在关键时刻提供无缝的用户体验,避免因资源不足导致的服务中断或性能下降。这种能力不仅提高了用户满意度，也增强了企业的品牌价值和市场竞争力。

云计算的快速弹性特性使企业能够灵活应对市场变化，及时调整资源配置以满足业务需求。在快速变化的市场环境中，企业需要具备快速响应能力，以抓住市场机遇或规避潜在风险。云计算的快速弹性为企业提供了这样的能力，使其能够在不增加固定成本的情况下，灵活调整资源配置，以支持新业务的快速上线或现有业务的扩展。这种灵活性使企业在面对市场变化时，能够更加从容自如，确保业务的持续增长。

三、云计算与传统计算模式的区别

(一)资源共享与利用效率

云计算通过资源共享实现了高效的资源利用，多个用户可以在同一基础设施上运行应用，降低了硬件投资和维护成本。这种共享模式不仅减少了对物理服务器的需求，还通过虚拟化技术实现了资源的动态调整。资源共享的优势在于，它允许企业根据实际需求灵活扩展或缩减计算规模，从而避免了传统计算模式下资源过度配置或不足的情况。通过这种方式，企业可以显著降低 IT 基础设施的总拥有成本，同时提高资源的利用效率。

云计算的资源池化特性使计算资源能够根据需求动态分配，避免了资源的闲置和浪费，从而提高了整体利用效率。资源池化意味着计算资源被抽象为一个整体，可以按需分配给不同的应用或用户。这种方式不仅提高了资源利用率，还减少了能源消耗和碳排放。相较于传统计算模式，云计算的资源池化能够更好地应对负载波动，确保在高峰期也能提供稳定的计算能力。这种灵活性使企业在面对瞬息万变的市场需求时，能够迅速调整其 IT 资源配置。

云计算在资源分配上更加灵活，用户可以根据实时需求调整资源使用，确保业务连续性和高效性。传统计算模式通常需要提前预估资源需求并进行固定配置，这种方式容易导致资源的浪费或不足。云计算则通过按需付费的模式，使用户只需为实际使用的资源支付费用，从而优化了成本结构。此外，云计算平台提供的自动化管理工具，使资源的动态调整更加便捷，进一步提升了业务的敏捷性和响应速度。

云计算的多租户架构允许不同用户在同一平台上独立操作,确保了资源的高效利用,同时增强了安全性和性能的隔离性。在多租户环境中,用户的数据和应用被隔离在各自的虚拟空间中,确保了数据的安全性和隐私性。多租户架构不仅提高了硬件资源的利用率,还通过共享基础设施降低了运营成本。相比之下,传统计算模式往往需要为每个用户单独配置硬件资源,导致资源利用率低下。

(二)服务交付模式

传统计算模式通常依赖本地硬件和软件的部署,而云计算则通过互联网提供服务,使企业无须大量投资于硬件设施。云计算的服务交付模型具有多样性,主要包括基础设施即服务、平台即服务和软件即服务三种模式。这些模式能够满足不同企业的需求,提供从基础设施到应用软件的全方位支持。基础设施即服务提供基础的计算资源,平台即服务提供开发平台,而软件即服务则直接提供应用软件,企业可以根据自身需求选择合适的服务类型,从而实现资源的最优配置。

云计算的服务交付在自动化程度上远超传统计算模式。通过自动化工具,云计算能够实现资源的快速部署和管理,大幅度提高了服务交付的效率。这种自动化不仅减少了人工干预的需求,还降低了出错的可能性,使服务能够更加迅速地响应用户需求。自动化工具的使用使企业能够在更短的时间内上线新的服务或应用,极大地缩短了产品的上市周期。自动化还支持实时的资源调整和优化,确保系统在高效运行的同时,能够快速适应业务变化。

在可定制性方面,云计算展现出其优越性。用户可以根据具体需求对云服务进行配置,确保服务符合业务的特定要求。在传统计算模式下,企业通常需要购买和维护大量的硬件设备,而云计算则提供了灵活的配置选项,用户可以根据业务需求动态调整资源使用。这种灵活性不仅降低了成本,还提高了资源的利用效率。企业可以根据市场和业务的变化,快速调整其IT资源的配置,以支持新的业务需求或应对突发事件。

云计算在服务交付的持续性与可靠性方面具有显著优势。通过冗余和备份机制,云计算能够确保服务的高可用性,减少业务中断的风险。云服务提供商通常在多个地理位置部署数据中心,以实现数据的冗余存储和备份。这种设计使即使在某个数据中心发生故障时,服务也能够从其他数据中心无缝切换,确保业务的连续性。高可用性和可靠性的保证使企业能够放心地将其关键业务迁移到云端,从而专注核心业务的发展。

第二节 云计算的基本架构

一、云计算架构的核心组成部分

(一)云计算基础设施层

云计算基础设施层是云计算架构的基石，提供了计算、存储和网络等基本资源。它通过整合物理资源和虚拟化技术，形成一个灵活且高效的资源池，为上层服务提供支持。基础设施层的设计影响整个云计算平台的性能和稳定性，因此在设计时需要考虑资源的高可用性和可靠性。

云计算基础设施层的设计需要结合硬件和虚拟化软件，以提供可按需访问的计算资源。其主要功能包括资源的集中管理、自动化配置和动态分配。这一层确保了资源的高效利用，并通过自动化管理工具实现了资源的弹性伸缩能力，从而支持各种规模的应用负载需求。

虚拟化技术在云计算基础设施中扮演着关键角色，主要通过创建虚拟机和虚拟网络来提高资源利用率。虚拟化使多个虚拟机可以在同一物理服务器上运行，从而提高硬件利用率并降低成本。此外，虚拟化还提供了隔离性和安全性，确保不同用户的应用在共享环境中安全运行。

在云计算基础设施中，存储资源管理是确保数据高效存取和安全存储的关键。云环境中的数据安全性涉及数据加密、访问控制和备份恢复等方面。有效的存储管理策略不仅提高了数据的可用性，还降低了数据泄露的风险，保障了用户数据的完整性和机密性。

网络架构是云计算基础设施中不可或缺的一部分，它直接影响数据传输速度和系统响应时间。合理的网络设计和优化能够提升云计算的整体性能。网络虚拟化技术的应用，使网络资源的分配更加灵活，同时增强了网络的安全性和可靠性，为云服务的稳定运行提供了保障。

(二)平台服务层的功能与作用

平台服务层通过提供各种开发工具与框架，极大地简化了应用程序的开发与部署过程。这些工具和框架不仅支持快速的开发迭代,还能帮助开发者更好地管理应用生命周期,从而缩短产品上市时间,提升市场竞争力。平台服务层的这一特性使企业能够专注业务逻辑的实现,而不是底层基础设施的管理。

平台服务层支持多种编程语言与运行环境,这为开发者提供了更大的灵活性与选择性。开发者可以根据项目需求选择最合适的编程语言和技术栈,而不必受限于单一的开发环境。这种多样性不仅促进了创新,还降低了开发人员的学习成本和转换成本,使团队能够迅速适应技术变化和市场需求。平台服务层的这种多语言支持也为企业的全球化发展提供了技术保障。

在数据管理方面,平台服务层集成了强大的数据库管理服务,显著提高了数据存储与访问的效率。通过提供可扩展的数据库解决方案,平台服务层能够处理海量数据的存储与分析需求,这对现代企业而言尤为重要。数据的高效管理不仅支持实时分析和决策,还为企业提供了可靠的数据备份和恢复机制,确保业务的连续性和安全性。平台服务层的数据库服务还支持自动化的性能优化和故障诊断,进一步提升了系统的稳定性。

平台服务层支持自动化的运维管理,有效降低了人工干预的需求与错误率。通过自动化工具,平台服务层能够实现对资源的动态分配、监控和调整,确保系统在高负载情况下依然能够稳定运行。这种自动化能力降低了人为操作带来的风险,同时提高了运维效率,降低了运营成本。对于企业而言,自动化的运维管理不仅提高了系统的可用性,也使技术团队有更多的精力去关注创新和优化。

平台服务层通过应用程序编程接口(Application Programming Interface,API)实现了与其他云服务的无缝集成,增强了系统的互操作性。API 的标准化使不同服务之间能够轻松通信和协作,从而构建出复杂而强大的应用生态系统。这种互操作性不仅提高了系统的扩展性,也为企业提供了更多的合作和业务拓展机会。通过与第三方服务的集成,平台服务层能够帮助企业快速响应市场变化,抓住新的商业机遇,实现业务的持续增长。

(三)应用服务层的集成与管理

应用服务层不仅是用户与云基础设施之间的接口,也是实现云服务灵活性和可扩展性的关键环节。应用服务层通过提供多样化的服务接口,使不同类型的应用可以在云环境中被快速部署和管理。其功能包括应用程序的部署、配置、监控和管理,确保应用程序能够在不同的计算资源上高效运行。应用服务层还支持自动化的资源调度和负载均衡，以适应动态变化的用户需求。

应用服务层的用户界面设计原则是确保用户体验友好性与易用性的基础。良好的用户界面设计不仅能够提高用户的操作效率，还能降低学习成本，使用户更直观地理解和使用云服务。设计过程中应注重简洁性和一致性，确保各功能模块的布局合理，操作流程清晰。此外，用户界面还应具备一定的灵活性，以便根据用户的个性化需求进行调整，从而提高用户的整体满意度。

应用服务层的数据集成策略能够促进不同数据源之间的有效交互与共享。在云计算环境下，数据的多样性和分散性对数据集成提出了更高的要求。通过采用先进的数据集成技术和工具，应用服务层能够实现对异构数据源的统一访问和管理，确保数据的完整性和一致性。数据集成策略还应考虑数据的实时性和历史性，以满足不同业务场景的需求，提升企业的决策支持能力。

应用服务层的安全管理机制是保障用户数据隐私与安全的关键。随着云计算的普及，数据安全问题日益受到关注。应用服务层应通过多层次的安全管理机制，包括身份验证、访问控制、数据加密和日志审计等，来保护用户数据免受未经授权的访问和篡改。此外，安全管理机制还应具备良好的可扩展性，以应对不断变化的安全威胁和合规要求，确保云服务的安全性和可靠性。

应用服务层的监控与分析工具支持企业实时跟踪应用性能与用户行为。通过对应用服务层的监控，企业可以及时发现和解决性能瓶颈，优化资源利用。分析工具则能够提供详尽的用户行为数据，帮助企业深入了解用户需求和使用习惯，从而改进服务质量和用户体验。有效的监控与分析不仅能够提升应用的稳定性和可靠性，还能为企业的战略决策提供有力的数据支持。

二、云计算架构的设计原则

(一)灵活性与可扩展性原则

在云计算架构的设计中，灵活性原则要求云计算架构能够迅速适应不断变化的业务需求和技术环境。这意味着系统必须支持动态资源配置与服务调整，以便在面对突发需求时能够迅速响应。灵活性不仅体现在技术层面，还包括对业务流程的适应能力，使企业能够在市场变化中保持竞争力。为了实现这一点，云计算架构需要在设计阶段就考虑到多种可能的变化场景，以确保系统能够灵活应对。

可扩展性原则强调系统应具备根据用户增长和数据量增加而自动扩展资源的能力。这种能力能够确保在用户数量激增或数据量暴增的情况下,系统性能仍然保持稳定。通过自动扩展,企业可以避免因资源不足导致的性能瓶颈,从而提升用户体验和满意度。可扩展性不仅是技术实现的问题,也是战略规划的一部分,需要在架构设计中提前布局,以应对未来的增长需求。

灵活性与可扩展性体现在支持多种部署模式上,如公有云、私有云和混合云。不同企业有不同的需求,云计算架构必须能够支持多样化的部署模式,以满足这些需求。公有云适合需要快速扩展和成本敏感的企业,而私有云则提供了更高的安全性和控制力。混合云模式结合了两者的优点,为企业提供了灵活的选择空间。通过支持多种部署模式,云计算架构能够更好地服务于不同规模和行业的企业。

在设计云计算架构时,应设置灵活的 API。这些接口允许不同服务和应用之间实现无缝集成与扩展,提升系统的互操作性。通过开放的 API,企业可以轻松地将新功能或第三方服务集成到现有系统中,而无须大规模的系统改造。这种设计不仅提高了系统的灵活性,也为企业的创新提供了更多可能性,使云计算架构成为企业数字化转型的有力支持。

灵活性与可扩展性原则要求应用自动化管理工具,以简化资源监控、负载均衡和故障恢复的过程。自动化管理工具能够显著提高运维效率,降低人工干预的需求,从而减少人为错误的发生。这些工具通过实时监控系统状态,能够自动调整资源分配,确保系统在高负载情况下仍能稳定运行。此外,自动化故障恢复机制能够在系统出现问题时迅速响应,最大限度地减少对业务的影响,保证服务的连续性和可靠性。

(二)安全性与隐私保护原则

随着云计算的广泛应用,用户数据的安全性成为首要关注的问题。云计算架构需要实施多层次的安全防护措施,包括物理安全、网络安全和应用安全,以确保系统的整体安全性。物理安全涉及数据中心的物理环境保护,确保硬件设备不受自然或人为因素的损害。网络安全关注防止未经授权的访问和网络攻击,确保数据在传输过程中的完整性和保密性。应用安全关注云服务应用本身的安全性,防止恶意软件和漏洞的利用。

为了保护用户数据在传输和存储过程中的安全,云计算架构广泛采用数据加密技术。加密措施不仅在数据传输过程中提供保护，还在数据存储时确保其不可读性，防止数据泄露和未授权访问。通过使用先进的加密算法，云计算服务提供商能够为用户提供一个安全的数据环境，确保数据的机密性和完整性。此外，数据加密还为合规性提供支持，满足不同国家和地区的数据保护法规要求。

为确保系统安全，应建立严格的身份验证与访问控制机制。身份验证机制通过多因素认证、单点登录等技术手段，确保只有经过授权的用户才能访问敏感数据和系统资源。访问控制则通过角色分配和权限管理，限制用户对系统资源的操作权限，防止因权限过大而导致的安全风险。通过这些措施，云计算架构能够有效地防止未经授权的访问和潜在的内部威胁。

为提升系统安全防护能力，应定期进行安全审计与漏洞评估。安全审计通过对系统日志和用户行为的分析，发现潜在的安全威胁和异常活动。漏洞评估则通过模拟攻击和渗透测试，识别系统中的安全漏洞，并及时进行修复。通过这些主动的安全管理措施，云计算服务提供商能够在安全事件发生之前采取预防措施，降低安全风险。

为确保业务连续性，应实施数据备份与恢复策略。数据备份通过定期将数据复制到异地存储，防止因硬件故障、自然灾害或恶意攻击导致的数据丢失或损坏。数据恢复策略则确保在发生安全事件时，能够迅速恢复业务连续性，减少对用户的影响。这些措施不仅提高了系统的可靠性，还增强了用户对云计算服务的信任。

(三)跨平台兼容性原则

跨平台兼容性原则要求云计算系统能够在不同的操作系统和硬件平台上无缝运行，从而确保应用程序的广泛适用性。为实现这一原则，需要考虑多方面的因素，包括技术架构的灵活性和开发工具的选择。通过采用标准化的开发工具和框架，开发者可以有效减少不同平台之间的技术障碍。这不仅提高了开发效率，还增强了系统的适应性，使应用程序能够在更广泛的环境中部署和运行。

为了实现跨平台兼容性，云计算架构需要采用标准化的开发工具和框架。这些工具和框架能够减少不同平台之间的技术壁垒，提高应用程序的可移植性。通过标准化的手段，开发者可以更轻松地在不同的操作系统和硬件环境中进行开发和测试。这种方法不仅提高了开发效率，还降低了维护成本，使云计算服务能够更快速地响应市场需求的变化。

在跨平台兼容性中,API的统一设计是一个关键因素。统一的API设计能够确保不同平台的服务通过标准接口进行有效交互。这种设计方法有助于减少不同系统之间的兼容性问题,提高数据交换的效率和准确性。通过标准化的API,开发者可以在不同平台上实现一致的功能,保证用户体验的一致性。这不仅能提高服务的可靠性,还能增强用户对云计算服务的信任。

云计算架构应支持容器化技术,以便在不同环境中保持应用的一致性和可移植性。容器化技术能够将应用及其依赖环境打包在一起,使其在不同的平台上运行时保持一致的行为。这种技术简化了部署流程,提高了应用的灵活性和扩展性。此外,容器化技术还能够提高资源的利用效率,减轻系统的负担,从而为用户提供更加稳定和高效的服务。

为了确保跨平台兼容性,应定期进行兼容性测试。这些测试能够帮助识别新版本应用和服务在多种平台上的潜在问题。通过及时的测试和反馈机制,开发团队能够迅速解决兼容性问题,确保系统的稳定运行。定期的兼容性测试不仅能提高云计算服务的质量,还能增强用户对系统的信任和满意度。

三、云计算架构的部署模式

(一)公共云部署模式的优势

公共云部署模式提供了按需自助服务,使用户能够根据自身需求灵活选择和配置资源。这种灵活性不仅能够使企业有效控制和降低IT成本,还能在资源需求波动时迅速调整,以应对市场变化。公共云的按需服务模式使企业无须进行大量的前期投资,降低了进入门槛,并且可以根据实际使用情况支付费用,从而优化了成本结构。

公共云环境具有资源共享的特点。通过多租户架构,用户能够共享计算、存储和网络资源,这种共享机制显著提高了资源利用率,避免了资源的浪费。同时,通过这种模式,用户可以有效降低整体开销,因为不需要为闲置资源支付额外费用。多租户架构不仅提高了资源的利用效率,还通过规模经济降低了每个用户的成本,使公共云成为一个经济高效的选择。

公共云服务商通常提供高可用性和灾难恢复解决方案,以保障用户数据的安全性和业务的连续性。这些服务商拥有丰富的经验和专业的技术团队,能够提供比单个企业更为可靠的安全保障措施。通过部署冗余系统和定期备份，公共云能够在发生故障时迅速恢复数据和服务，确保业务不中断。这种高可用性和灾难恢复能力，使企业能够专注业务创新。

公共云平台支持快速扩展，用户可以根据业务需求迅速增加或减少资源。这种弹性扩展能力使企业能够在业务高峰期快速响应需求变化，而不必担心资源不足的问题。公共云的弹性扩展不仅提高了业务的响应速度，还通过自动化的资源管理减少了手动操作的复杂性，从而提高了运营效率。

公共云部署模式通常由专业的云服务提供商管理，这意味着用户可以将更多精力集中在核心业务上，而不是 IT 基础设施的维护上。云服务提供商负责硬件维护、软件更新和安全管理等技术细节，使企业能够专注自身的业务发展和创新。通过将 IT 基础设施的管理交给专业团队，企业可以提高运营效率，降低运维成本，并将资源投入更具战略意义的领域中。

（二）专有云在企业中的适用性

专有云为企业提供了高度的安全和隐私保护。这种云计算模式特别适合那些需要处理敏感数据并且必须遵循严格合规要求的企业。专有云通过将数据和应用程序置于企业防火墙内，确保了数据的机密性和完整性。国内外比较显示，许多金融机构和医疗机构在选择云计算解决方案时，往往倾向采用专有云，以最大限度地降低数据泄露的风险和合规性违规的可能性。

专有云能够根据企业的特定需求进行定制，提供灵活的资源配置和管理策略。这种灵活性使企业能够根据自身的业务场景进行调整和优化，从而实现更高的运营效率。例如，企业可以自定义计算资源的分配，以应对不同的工作负载需求，这种定制化的能力使专有云在满足个性化业务需求方面具有显著优势。历史演进显示，专有云的这种灵活性不断增强，逐渐成为企业数字化转型的重要工具。

在专有云环境下，企业能够实现更好的性能优化。由于资源是专属的，企业可以避免公共云中常见的资源争用问题，从而提高应用程序的响应速度和整体性能。这种性能优化对于需要高计算能力和低延迟的应用场景尤为重要。通过专有云的资源专属性，企业可以更好地控制和优化其 IT 基础设施，以支持关键业务功能的高效运行。

专有云支持企业内部的集成与协作，促进不同部门和团队之间的高效数据共享与应用开发。通过专有云平台，企业可以构建统一的数据管理和应用开发环境,打破信息孤岛,实现跨部门的数据流通和协作。这种集成能力不仅提高了企业的内部效率,也提升了企业的创新力和竞争力。

(三)混合云策略的实施与管理

混合云策略的实施与管理需要考虑多方面,包括资源的有效分配、数据的安全传输和整体的成本管理等。通过合理的混合云策略,企业能够在公共云和专有云之间实现资源的最佳配置,以满足不断变化的业务需求。在设计混合云策略时,需要充分考虑不同云环境的特性,确保资源的动态调整和弹性扩展,以支持企业的长远发展。

在混合云策略的设计中,应确保公共云与专有云之间资源的有效分配与管理。设计原则应考虑不同应用和数据的特性,合理分配资源以实现性能优化和成本节约。通过采用智能化的资源调度和负载均衡技术,企业可以在两种云环境之间灵活切换,充分利用各自的优势。这样的设计不仅能够提高系统的可靠性和可用性,还能增强企业的竞争力。

混合云环境中的数据迁移策略是保障数据安全与高效传输的核心。为了确保数据在不同云环境之间的无缝迁移,企业需要制订详细的数据迁移计划,使用加密技术和数据校验机制来保护数据完整性和机密性。此外,企业应选择合适的迁移工具和方法,以减少迁移过程中的中断和延迟,确保业务的连续性和稳定性。

混合云的安全管理框架需要整合公共云和专有云的安全措施,以保护敏感数据与应用。企业应建立全面的安全策略,包括访问控制、数据加密、威胁检测和响应等,以应对复杂的安全挑战。通过实施统一的安全管理框架,企业可以更有效地监控和防御潜在的安全威胁,确保业务的安全性和合规性。

在混合云的成本管理策略中,优化资源配置和降低总体拥有成本是企业关注的重点。通过采用自动化的成本管理工具和实践,企业可以实时监控资源使用情况,识别并消除资源浪费。灵活的计费模式和成本分摊机制也有助于企业根据实际需求调整预算,从而提高业务的灵活性和经济效益。

第三节　云计算的核心技术

一、虚拟化技术

（一）虚拟化技术的基本概念

虚拟化技术是现代云计算架构的基石，通过软件将物理硬件资源抽象化，从而创建多个虚拟环境。这样的技术不仅改变了传统的计算资源管理方式，还为企业和开发者提供了更高的灵活性和效率。通过虚拟化，服务器、存储和网络资源得以动态分配和管理，使资源利用率显著提高。这种动态性不仅降低了硬件成本，还减少了能源消耗，符合绿色计算的理念。

虚拟化技术支持多种操作系统在同一物理服务器上并行运行，这种能力极大地增强了系统的灵活性和可管理性。用户可以在同一硬件平台上运行不同的操作系统和应用程序，满足多样化的业务需求。这种并行运行的能力使系统可以根据负载情况进行灵活调整，提高了整体的服务质量。同时，虚拟化技术的隔离特性确保了不同虚拟机之间的安全性，避免了相互干扰和潜在的安全威胁。

虚拟化技术的管理工具提供了自动化部署和监控功能，这极大地提高了运维效率和响应速度。通过这些工具，管理员可以轻松实现虚拟机的快速部署、迁移和故障恢复，减少人为操作带来的错误风险。这种自动化能力不仅缩短了系统的停机时间，还为企业提供了快速响应市场变化的能力。

（二）虚拟机管理程序的角色与功能

虚拟机管理程序负责创建和管理虚拟机，并确保物理资源的有效分配和使用。虚拟机管理程序通过对物理硬件资源的抽象和分割，允许多个虚拟机在同一物理服务器上运行，从而提高资源利用率和灵活性。这种资源管理能力不仅提高了硬件的使用效率，还为企业节约了大量的物理设备投资。虚拟机管理程序的出现，使云计算的资源配置更加灵活，并能够根据需求动态调整，满足不同的业务需求。

虚拟机管理程序实现了虚拟机之间的隔离，确保各个虚拟环境的安全性和稳定性,避免相互干扰。在多租户云环境中,隔离机制尤为重要,因为它防止了一个虚拟机中的故障或安全漏洞影响到其他虚拟机。这种隔离不仅包括对数据和应用的隔离,还包括对网络流量和内存使用的隔离。通过这种方式,虚拟机管理程序为云计算环境奠定了坚实的安全基础,保障了用户数据的隐私和整体系统的可靠性。

虚拟机管理程序提供了资源监控功能,实时跟踪虚拟机的性能和资源使用情况,以便进行优化和调整。通过监控中央处理器(Central Processing Unit,CPU)、内存、存储和网络等资源的使用情况,虚拟机管理程序能够识别性能瓶颈并进行调整,如动态分配更多的资源给需要的虚拟机。这种实时监控和管理能力不仅能够提高系统的响应速度,还能够有效地预测和防范潜在的性能问题,从而保障业务的连续性和稳定性。

虚拟机管理程序支持快照和克隆功能,使用户能够快速备份和恢复虚拟机,提升数据安全性和业务连续性。快照功能允许管理员在虚拟机运行中的任何时间点创建备份,这对于测试新软件或系统更新尤为有用,因为可以在出现问题时快速恢复到之前的状态。克隆功能使在短时间内复制虚拟机成为可能,支持快速扩展和部署新环境。这些功能极大地提高了数据管理的灵活性和安全性,保障了企业在面对数据丢失或灾难恢复时的应对能力。

虚拟机管理程序通过自动化管理工具简化了虚拟环境的部署和维护流程,降低了运维成本和复杂性。通过自动化工具,管理员可以轻松实现虚拟机的批量创建、配置和更新,减少了人为操作的错误、降低了时间成本。自动化还支持定时任务和策略驱动的管理,使系统能够在最小化人工干预的情况下,保持高效的运行状态。这种自动化能力不仅提高了运维效率,还使企业能够更专注核心业务的创新和发展。

(三)硬件辅助虚拟化技术

硬件辅助虚拟化技术通过专用的硬件指令集来提升虚拟化性能,显著减少了CPU在虚拟化过程中所产生的开销。这种技术的应用使虚拟化操作更加高效,从而在同一物理处理器上允许多个虚拟机的高效运行。通过这种资源共享机制,物理处理器的使用效率得到了极大的提高。

硬件辅助虚拟化技术显著增强了虚拟机的隔离性,提升了系统的整体安全性。通过这种技术,不同虚拟机之间的干扰被有效地防止,确保了每个虚拟机的独立性和数据的完整性。这种隔离性对于运行敏感数据和应用的虚拟机尤为重要，因为它能够提供一个更加安全的计算环境。

在内存管理方面，硬件辅助虚拟化技术提供了显著的优势。它支持更高效的内存管理，使虚拟机能够根据需求动态调整内存分配。这种动态调整能力不仅提升了虚拟机的灵活性和适应性，也提高了整体系统的性能，使资源的利用更加合理和高效。这对于需要高可用性和高性能的云计算应用而言，是一个重要的技术进步。

硬件辅助虚拟化技术通过集成的虚拟化支持，简化了虚拟机的创建和管理流程。这种简化降低了运维的复杂性，使系统管理员能够更加专注业务应用的部署和优化，而不是被烦琐的维护任务所困扰。这种技术的进步不仅提升了系统的可管理性，也为云计算环境的快速部署和扩展提供了有力的支持。

二、存储技术

（一）对象存储与块存储技术的应用

对象存储技术以其灵活的存储方式和高可扩展性，被广泛应用于大数据处理和内容分发网络等领域。它通过将数据分解为独立的对象，允许用户以统一的方式访问和管理数据，适合非结构化数据的存储和处理。块存储技术则更适合高性能计算和数据库应用，它提供了类似传统硬盘的存储结构，能够支持低延迟和高吞吐的访问模式，为需要快速数据读写的应用提供了强有力的支持。

对象存储技术能够通过简单的 API 实现数据的存储和检索，这种特性在大数据处理场景中展现出显著优势。对象存储的无层次结构使其能够轻松应对海量数据的存储需求，并能通过分布式架构实现高效的数据分发和访问。此外，对象存储的冗余和容错机制保障了数据的持久性和可靠性，成为云计算环境下数据管理的理想选择。

块存储通过将数据分为固定大小的块进行管理，能够提供比对象存储更为精细的控制和更高的性能。在需要频繁读写操作的数据库应用中，块存储的低延迟特性能够显著提升系统的响应速度。此外，块存储的持久性特征使其在企业级应用中尤为重要，确保了关键业务数据的安全和可用性。

对象存储与块存储在数据访问模式上存在显著差异，适用场景也各有不同。对象存储适合需要高扩展性和海量数据处理的场景，如媒体文件存储和大数据分析。块存储更适合需要高性能和低延迟的应用,如数据库和虚拟机存储。两者的结合使用能够在云计算环境中提供灵活且高效的存储解决方案,满足不同应用的需求。

(二)存储管理与数据冗余机制

在云计算的存储技术中,存储管理的关键目标是确保数据的可用性和持久性,这需要通过自动化工具来优化存储资源的配置和使用。这些工具能够动态调整存储资源的分配,以适应不断变化的需求,确保在任何情况下数据都能够被快速访问。通过这种方式,云计算服务提供商能够在不影响性能的情况下,最大化地利用其存储基础设施。

数据冗余机制能够提升系统的容错能力。通过复制和分散存储数据,系统能够在硬件故障时确保数据不会丢失。冗余机制还能显著提升系统的可靠性和稳定性。这种机制的实现通常包括数据的多副本存储,这在云存储环境中尤为重要,因为它能够确保在任何物理设备出现故障时,数据依然可以从其他副本中恢复。

为应对潜在的数据丢失风险,存储管理策略中必须包括定期的备份和恢复计划。这些计划不仅是数据保护的基础,也是确保业务连续性的重要保障。在云计算环境中,备份数据通常存储在不同的地理位置,以防止区域性灾难导致的数据丢失。这种策略的实施能够确保在最坏的情况下,企业仍然能够快速恢复其关键业务功能,减少因数据丢失带来的经济损失。

在云存储环境中,数据冗余可以采用多种策略,如镜像、条带化和分布式存储,以满足不同应用的性能需求。镜像技术通过创建数据的完整副本来提高数据的安全性,而条带化则通过将数据分割并分布到多个存储设备上来提高访问速度。分布式存储则结合了两者的优点,通过在多个节点上存储数据来实现高可用性和高性能。这些策略的选择通常取决于应用的具体需求和服务水平协议。

有效的存储管理与数据冗余机制相结合,能够显著提升云服务的整体性能。通过降低延迟和优化用户体验,云服务提供商可以在竞争激烈的市场中脱颖而出。这不仅能够提高用户满意度,还能够增强客户的忠诚度。随着云计算技术的不断发展,存储管理和数据冗余机制将继续在提高云服务质量方面发挥关键作用。

（三）云存储的安全性与数据保护

云存储技术的广泛应用，使大量敏感数据被存储在云端，因此保障这些数据的安全成为首要任务。云存储的安全性不仅包括数据的机密性和完整性保护，还包括数据的可用性和隐私保护。为了应对这些挑战，云服务提供商和用户需要共同努力，构建一个安全、可靠的云存储环境。

1.云存储的加密技术

通过对数据进行加密处理，可以在数据传输和存储过程中提供强有力的保护，防止未授权的访问和窃取。加密技术的应用可以确保即使数据被截获，攻击者也无法读取其中的内容。常见的加密技术包括对称加密和非对称加密，各有其优缺点和适用场景。在云存储中，通常会结合使用多种加密技术，以提供更加全面的安全保障。

2.访问控制机制的实施

通过用户身份验证和权限管理，云存储可以有效限制对数据的访问。身份验证通常采用密码、双因素认证等方式，确保只有经过授权的用户才能访问数据。权限管理则通过分配不同的访问级别，控制用户对数据的查看和操作权限。这种多层次的访问控制机制，有助于防止数据泄露和未经授权的操作。

3.数据备份与恢复策略

定期对存储的数据进行备份，可以有效防止数据丢失，并确保在发生故障时能够快速恢复业务。备份策略需要考虑数据的重要性、变化频率及恢复时间等因素，以制订合理的备份计划。数据恢复能力的建设，也需要在备份的基础上，确保在最短时间内恢复业务连续性。

4.合规性与法规遵循

随着全球数据保护法律法规的不断完善，云存储服务需要确保符合相关法律法规的要求。这不仅包括用户数据隐私的保护，还包括数据的跨境传输、存储位置等方面的合规性问题。服务提供商需要在技术和管理上采取措施，以确保其服务符合这些法规要求。

5.安全监控与审计机制

通过实时监控和日志记录,云存储可以跟踪数据访问和操作,及时发现并响应潜在的安全威胁。安全监控工具可以帮助识别异常活动,提供预警和响应方案。审计机制则通过对日志的分析,评估安全策略的有效性,并为改进提供依据。这种持续的监控与审计,有助于构建一个动态的安全防护体系。

三、数据处理技术

(一)大规模并行处理技术

大规模并行处理技术通过将复杂的计算任务分解为多个子任务,并利用多个计算节点同时处理这些子任务,从而显著提高计算效率。这种方法不仅能够加速数据处理过程,还能通过并行化策略有效降低单一节点的负载压力。随着数据量的指数级增长,大规模并行处理技术在现代计算环境中的重要性愈发凸显。它能够在短时间内处理海量数据集,为企业和研究机构提供快速、可靠的数据分析能力。

在分布式系统中,大规模并行处理技术支持高吞吐量和低延迟的数据处理,适用于处理海量数据集和复杂计算任务。通过优化计算节点间的通信和数据传输,这项技术能够在保证计算速度的同时,维持系统的稳定性和响应速度。这种高效的数据处理能力使其成为需要实时处理和分析数据的应用场景中的理想选择,如金融交易、天气预报和实时监控系统等。

高效的任务调度和负载均衡算法是大规模并行处理技术的关键所在。这些算法确保了系统资源的充分利用和整体稳定性。通过智能调度,系统能够动态调整不同节点的负载,避免某些节点过载或闲置,从而提高整体处理效率。此外,这些算法还支持故障检测和恢复机制,确保即使在硬件故障的情况下,系统仍能保持正常运行。

大规模并行处理技术具备动态扩展能力。系统能够根据实际负载情况自动调整资源分配,这种灵活性使其能够应对计算需求的波动。当负载增加时,系统可以迅速扩展计算资源以满足需求;而当负载减少时,系统则可以释放多余资源,以降低成本。这种自适应能力使大规模并行处理技术在云计算环境中得到了广泛应用。

（二）云计算平台的数据分析框架

云计算平台的数据分析框架负责从数据采集到数据可视化的全过程管理。该框架的基本构成包括数据采集、数据存储、数据处理和数据可视化等。这些模块协同工作，形成一个完整的数据处理链条，支持不同规模和复杂度的数据分析任务。

1.数据采集模块

数据采集技术的多样性是云计算平台的重要特征之一。现代云计算平台支持从多种数据源获取数据，包括传感器、数据库、社交媒体等。这种多样性使云计算平台能够满足不同应用场景的需求，无论是实时数据流的处理，还是历史数据的批量分析。传感器数据的采集通常用于物联网应用，提供实时的环境监测和设备状态信息。数据库的数据采集则更多地应用于企业级应用，支持复杂的查询和分析。社交媒体数据的采集为用户行为分析和市场趋势预测提供了丰富的数据来源。

2.数据存储模块

数据存储策略的灵活性是云计算平台的一大优势。根据数据类型和使用频率，云计算平台可以选择合适的存储解决方案，如对象存储、块存储和文件存储。对象存储适合存储非结构化数据，如图片和视频，提供高扩展性和低成本的存储方案。块存储则用于需要高性能和低延迟的应用，如数据库和虚拟机。文件存储适合传统的文件系统应用，支持文件级别的访问和共享。通过灵活的存储策略，云计算平台能够高效地管理海量数据，满足不同应用的存储需求。

3.数据处理模块

数据处理工具的集成是云计算平台支持大规模数据分析和实时处理的关键。现代云计算平台通常集成多种数据处理框架，如 Hadoop 和 Spark，以支持不同类型的数据分析任务。Hadoop 作为一个分布式计算框架，擅长处理批量数据分析任务，提供高效的分布式存储和计算能力。Spark 则以其内存计算的优势，支持实时数据处理和流式数据分析，极大地提高了数据处理的效率。这些数据处理工具的集成使云计算平台能够灵活地应对不同的分析需求，提供强大的数据处理能力。

4.数据可视化模块

数据可视化技术的应用是云计算平台提高用户体验和决策效率的重要手段。通过数据可视化工具,用户可以直观地理解复杂的数据分析结果,识别数据中的趋势和模式。这不仅能够提高数据驱动决策的效率和准确性,还能够帮助用户发现潜在的问题和机会。现代云计算平台提供了丰富的数据可视化工具,支持多种图表和交互方式,使用户能够根据自身需求定制数据展示形式。数据可视化的应用使复杂的数据分析结果变得易于理解和操作,极大地提升了用户的决策能力。

(三)数据集成与管理技术

在云计算环境中,数据的多样性和异构性使数据集成变得更加复杂,因此,必须采用先进的技术手段来实现高效的数据整合。通过数据集成技术,企业能够实现数据的集中管理与利用,这对于提高业务运营效率和决策支持能力至关重要。

在数据集成过程中,确保数据的准确、完整和一致性是提升数据分析和决策可靠性的基础。数据质量的管理不仅影响企业的运营效率,还直接关系到数据驱动决策的有效性。高质量的数据能够帮助企业更好地理解市场动态和客户需求,从而制定更具竞争力的战略。为此,企业需要建立严格的数据质量管理流程,监控和提升数据的准确性和一致性。

数据集成工具与技术的多样性为企业提供了灵活的解决方案,以满足不同业务需求。数据虚拟化提供了一种无须移动数据即可进行集成的方式,适合需要快速访问多源数据的场景。API集成通过标准化接口实现数据的实时交互和集成,适用于现代化的云原生应用程序。这些技术的组合使用可以为企业带来更高的灵活性和效率。

实时数据集成的实现是现代云计算环境中的一项关键需求。随着业务的快速发展和数据流量的增加,企业需要能够快速处理和响应动态数据流。实时数据集成技术支持对数据的即时更新和处理,确保企业能够在最短的时间内获取最新的数据以支持决策。这不仅提高了数据的可用性,还提升了企业对市场变化的敏捷性和响应能力。

数据治理框架的建立是确保数据集成过程合规、安全和可追溯的关键。数据治理不仅包括数据的安全和隐私保护,还包括数据使用的合规性和透明度。通过建立完善的数据治理框架,企业能够确保数据在整个生命周期中的安全性和合规性，从而降低数据泄露和违规使用的风险。这对于维护企业声誉和保护用户隐私至关重要。数据治理框架的实施需要结合技术手段和管理流程，以实现全面的数据保护和管理。

四、网络技术

(一)软件定义网络的应用

软件定义网络通过引入集中控制器，改变了传统网络架构中的资源配置方式。集中控制器允许网络管理员在统一的管理平台上动态调整网络资源配置，从而显著提高了网络管理的灵活性和效率。这种集中化的控制方式使网络管理员可以快速响应网络需求的变化，优化资源分配，减少配置错误的发生。在云计算环境中，软件定义网络的动态配置能力尤为重要，因为它能够适应多租户环境下不断变化的应用需求和流量模式。

软件定义网络架构支持网络虚拟化。通过网络虚拟化技术，软件定义网络允许多个虚拟网络在同一物理基础设施上同时运行。这种能力确保了物理资源的高效利用，降低了网络运营成本，并提高了网络的灵活性和可扩展性。网络虚拟化还使云服务提供商能够为不同的客户提供隔离的网络环境，满足各类用户的个性化需求，从而提升了云计算的服务能力和市场竞争力。

软件定义网络的开放标准和 API 提高了网络设备和服务的互操作性。开放标准使不同厂商的网络设备能够在同一网络中无缝协作，而 API 则简化了网络应用的开发和部署过程。这种开放性和灵活性不仅降低了网络集成和管理的复杂性，还加速了新技术和服务的创新步伐，推动了整个网络生态系统的健康发展。

通过智能流量调度和优化，软件定义网络能够显著提高网络性能和带宽利用率。智能调度机制可以根据实时网络状态和业务需求，动态调整数据流的路径和优先级，从而避免网络拥塞，提高数据传输的效率。这种能力使软件定义网络能够更好地适应不断变化的业务需求，确保网络服务的质量和稳定性，进而为用户提供更优质的云计算体验。

(二)网络功能虚拟化与云计算

网络功能虚拟化通过将网络功能从专用硬件解耦，允许在通用服务器上虚拟化部署,提高了网络资源的灵活性和可扩展性。传统网络架构依赖专用硬件设备来实现特定的网络功能,这种方式不仅成本高昂,而且在扩展性和灵活性上存在诸多限制。网络功能虚拟化的出现改变了这一局面,通过将网络功能转化为软件形式,在标准化的硬件上运行,极大地增强了网络的灵活性。这样,网络运营商可以根据实际需求,灵活调整网络资源的分配和使用,提高了网络的可扩展性,满足了现代云计算环境中多变的业务需求。

网络功能虚拟化的实施可以显著降低网络运营成本,减少对专用设备的依赖,从而实现更高效的资源利用和管理。在传统网络中,运营商需要采购、维护大量的专用设备,这不仅增加了资本支出,还提高了运营复杂性。通过网络功能虚拟化,网络功能可以在通用硬件上实现,减少对昂贵专用设备的依赖,从而降低了总体拥有成本。此外,网络功能虚拟化还支持资源的动态分配和高效管理,运营商可以根据业务需求灵活调配资源,实现资源的最大化利用,降低运营成本,同时提高网络的运营效率。

网络功能虚拟化支持快速的服务部署和更新,网络运营商可以根据需求动态调整网络功能,提升服务响应速度和市场适应能力。在竞争激烈的市场环境中,快速响应用户需求是运营商成功的关键。网络功能虚拟化通过软件化的方式,使网络功能的部署和更新变得更加快捷和简单,运营商可以在短时间内推出新服务或调整现有服务以适应市场变化。这种灵活性不仅提高了服务的响应速度,还增强了运营商在市场中的竞争力,使他们能够更好地满足客户的不断变化的需求。

通过网络功能虚拟化,云计算环境中的网络功能可以实现集中管理与自动化配置,提升了网络的可视化和监控能力,确保服务的高可用性。集中管理和自动化配置使网络运营商能够更好地控制和监控网络资源的使用情况,及时发现和解决潜在问题,确保网络服务的稳定性和可靠性。网络功能虚拟化还提供了更高的可视化能力,使网络状态和性能一目了然,运营商可以通过实时监控和分析,优化网络资源配置,提升用户体验。此外,自动化的配置和管理功能减少了人为干预的需求,降低了操作失误的风险,确保了服务的高可用性和连续性。

(三)云环境中的网络安全与优化

随着云计算的普及,数据安全成为用户和企业关注的核心问题。确保云环境的安全性和优化,不仅需要技术手段的支持,还需要制定有效的策略和管理措施。

1.网络安全策略的制定与实施

在云环境中，通过采用防火墙、入侵检测系统和数据加密等技术手段，可以确保云环境中数据的安全性和完整性。这些技术手段能够有效防止未经授权的访问和数据泄露，保障用户信息的私密性。此外，策略的有效实施还需要结合云计算的动态特性，灵活调整以适应不断变化的安全威胁。

2.安全访问控制机制设计

通过精细化的访问控制，确保只有经过授权的用户能够访问云资源，从而降低潜在的安全风险。在云环境中，访问控制机制需要结合用户身份验证、权限管理和审计跟踪等技术手段，以实现对用户行为的全面监控和管理。这不仅能防止恶意用户的入侵，还能在发生安全事件时，快速追踪到责任人，提升云环境的整体安全性。

3.网络流量监控与分析

通过实时监测网络流量和异常活动，云服务提供商可以及时发现并响应潜在的安全威胁。在云计算环境中，网络流量监控需要处理大量的数据，要求使用高效的分析工具和算法，以实现对异常行为的快速识别和响应。通过持续的网络流量分析，云服务提供商能够不断优化安全策略，提升云环境的安全性和稳定性。

4.安全补丁管理与更新

云基础设施和应用程序的安全更新需要定期进行，以防止已知漏洞被利用。云服务提供商需要建立一套完善的补丁管理流程，确保在发现安全漏洞后，能够迅速部署补丁，修复漏洞，防止安全事件的发生。通过有效的补丁管理和更新策略，云计算环境的安全性和可靠性能够得到持续保障，为用户提供更加安全的服务体验。

五、资源管理技术

(一)资源调度与负载均衡技术

资源调度技术通过动态分析任务需求和系统资源状态，实现高效的资源分配,以优化计算能力和响应时间。资源调度系统通过监测当前的资源使用情况和任务需求,智能地分配计算、存储和网络资源,从而提高整体系统的效率。这种技术不仅能够提升计算任务的执行速度,还能有效降低资源的闲置率,进而降低运营成本。在云计算的发展过程中,资源调度技术的不断演进使资源利用率得到显著提升,成为推动云计算普及的重要因素之一。

负载均衡技术旨在将用户请求均匀地分配到多个服务器上,以确保系统的高可用性和稳定性,防止单点故障的发生。这种技术通过监控服务器的实时负载情况,将流量分配到负载较轻的服务器上,以避免某一服务器过载而导致性能下降。负载均衡不仅提高了系统的响应速度,还提升了系统的容错能力,使云计算服务能够在面对高并发请求时依然保持稳定的性能表现。随着云计算应用场景的多样化,负载均衡技术的适用范围也在不断扩展,成为云服务提供商提升用户体验的重要手段。

(二)自动化资源配置与优化策略

自动化资源配置的基本原理在于通过需求预测和实时监控来实现动态调整机制。这种机制允许系统在资源需求波动时,迅速调整资源的分配,以满足应用程序的性能要求。需求预测通常依赖历史数据和当前使用模式的分析,而实时监控则确保了系统能够及时响应突发的资源需求变化,提高资源利用率。

资源优化策略的设计是自动化资源配置中的关键环节,算法的选择直接影响资源利用效率。常用的优化算法包括启发式算法和基于规则的调度策略,这些算法可以根据不同的应用场景进行调整,以达到最佳的资源配置效果。例如,启发式算法可以通过模拟退火或遗传算法等方法,寻找资源分配的最优解,从而提高整体系统的性能和效率。选择合适的优化算法不仅能减少资源浪费,还能提升云计算平台的经济效益。

基于容器技术的自动化管理能够有效提高应用部署的灵活性与效率。容器化技术通过将应用及其所有依赖项封装在一个独立的单元中,使应用可以在任何环境中快速部署和运行。这种技术的应用使资源的配置和管理更加简便,同时提高了系统的可移植性和可扩展性。容器的轻量级特性使它们能够快速启动和停止,从而在资源需求变化时,能够灵活地调整资源分配,确保应用的高效运行。

（三）云资源的监控与管理工具

1.基于云计算的自动化管理平台

基于云计算的自动化管理平台支持资源调度、负载均衡和故障恢复，显著提高了资源利用效率和系统可用性。资源调度功能可以根据不同应用的需求，动态调整资源分配，确保各应用获得所需的计算能力。负载均衡则通过智能分配网络流量，防止某一服务器过载，从而提升整体系统的响应速度。故障恢复功能在系统出现故障时，能够自动进行切换和修复，减少系统停机时间，保障业务的连续性。

2.集成的日志管理与分析工具

集成的日志管理与分析工具通过收集和分析系统日志，为运维人员提供了强大的故障排查能力。通过详细的日志记录，运维人员可以快速定位问题的根源，缩短故障处理时间。这些工具不仅支持日志的集中存储和管理，还提供强大的搜索和分析功能，使对海量日志数据的处理变得更加高效。此外，通过日志分析，企业可以识别出系统运行中的潜在问题，提前采取措施进行优化和调整，提高系统的整体性能和稳定性。

3.可视化管理仪表盘

可视化管理仪表盘的设计是云资源管理工具中一个重要的用户界面。通过直观的图表和数据展示，用户可以轻松获取资源使用情况、性能指标和警报信息。这种可视化的方式不仅提高了信息传递的效率，还帮助用户更快地做出决策。对于运维人员而言，设计良好的仪表盘能够显著提高其工作效率，使复杂的系统管理工作变得更加简单和直观。

4.基于机器学习的智能监控系统

基于机器学习的智能监控系统提高了云资源管理的智能化水平。这些系统能够通过对历史数据的学习，自动识别异常行为并进行预测性维护。通过智能算法，系统可以在问题发生之前识别出潜在的故障风险，提前采取措施进行干预。这种预测性维护不仅降低了系统的故障率，还降低了维护成本，提高了云资源管理的整体效率。随着机器学习技术的不断发展，智能监控系统将在未来的云计算资源管理中发挥更加重要的作用。

第二章 分布式系统概述

第一节 分布式系统的基本概念与特征

一、分布式系统的定义及要素

(一)分布式系统的定义

分布式系统是指由多个独立的计算节点组成的系统,这些节点通过网络相互通信和协作以完成共同的任务。分布式系统的设计旨在利用多个计算节点的协同工作来提高计算效率和资源利用率。通过这种方式,分布式系统能够处理更大规模的数据和更复杂的计算任务,从而在许多应用场景中得到广泛应用。分布式系统的这种结构使其在处理大规模数据和复杂任务时,能够提供比单一计算节点更高的性能和效率。

(二)分布式系统的关键组成

分布式系统由多个计算节点构成,这些节点可以是物理服务器、虚拟机或容器。每个节点在系统中承担特定的计算任务,并通过网络连接进行交互。这种多节点的架构使分布式系统能够处理大规模的数据和任务,并提供更高的可靠性和可用性。计算节点的多样性和可扩展性是分布式系统相较于传统集中式系统的一大优势,能够灵活应对不同的应用需求。

分布式系统的核心在于其有效的通信机制。通信机制确保各个节点能够可靠地交换信息和数据,是分布式系统正常运作的关键。通过使用消息传递、远程过程调用等技术,分布式系统能够实现节点间的高效通信。这种机制不仅需要保证数据的准确传递,还要处理网络延迟、数据丢失和节点故障等问题。

数据存储在分布式系统中扮演着至关重要的角色。通常,分布式系统采用分布式数据库或分布式存储系统,以实现数据的高可用性和一致性。分布式存储允许数据分散在不同的节点上,避免单点故障带来的数据丢失风险。此外,分布式存储系统还需要解决数据复制、分区和一致性等复杂问题，以确保系统在高负载或故障情况下仍能稳定运行。

为了优化系统性能，分布式系统必须具备高效的资源管理能力。资源管理涉及动态分配计算和存储资源，以满足不同应用的需求。通过资源管理策略，系统能够根据当前负载情况调整资源分配，避免资源浪费或瓶颈问题。这不仅提高了系统的整体效率，还增强了系统的灵活性和适应性。在云计算环境中，资源管理更显得尤为重要，因为它直接关系到用户体验和运营成本。

负载均衡是分布式系统中不可或缺的一部分，通过负载均衡技术，系统能够合理分配任务和请求，确保各个节点的负载均匀。负载均衡不仅提高了系统的处理能力，还减少了单个节点过载导致的性能下降。它通过监控节点的状态和工作量，动态调整任务分配策略，使系统在高并发情况下仍能保持良好的响应速度和稳定性。

二、分布式系统的特征

(一)可靠性与容错性

为了提高分布式系统的可靠性，分布式系统通常采用冗余设计。通过在多个节点上复制任务，即使某些节点出现故障，其他节点也可以迅速接管任务，继续提供服务。这种设计不仅提高了系统的稳定性，还确保了服务的连续性。容错机制是分布式系统中另一个重要的组成部分。快照技术允许系统在特定时间点记录状态，在发生故障时可以快速恢复到之前的状态。重试策略则能够在操作失败时自动尝试重新执行，从而降低因错误导致的数据丢失风险。

健康检查和自愈能力是分布式系统实现可靠性的重要手段。系统通过健康检查实时监控各个节点的状态，一旦发现异常，能够即时采取措施进行修复或替换，确保系统的持续可用性。这种自我修复的能力使分布式系统在面对各种突发故障时依然能够保持高效运作。通过自动化的健康检查，系统可以在问题出现的早期阶段就进行干预，从而避免故障的进一步扩大，提高系统的整体可靠性。

数据复制和分片技术在分布式系统中扮演着至关重要的角色。通过在多个节点上存储数据副本，分布式系统不仅提高了数据的可用性，还加快了数据访问速度。这种多副本存储方式有效降低了单点故障的风险，因为即使某个节点的数据出现问题,其他节点上的副本仍然可以提供数据访问服务。此外,分片技术使数据可以被拆分并分布到不同的节点上处理,从而提升了系统的并行处理能力和整体性能。这些技术的结合确保了分布式系统在面对大规模数据处理需求时,依然能够保持高效和稳定的运行。

(二)可扩展性

分布式系统的可扩展性体现了系统对动态变化的适应能力。可扩展性使系统能够根据负载情况动态地增加或减少计算节点,以有效应对不同的业务需求和流量变化。这种灵活性不仅提高了系统的处理效率,还确保了在高峰期也能维持稳定的服务质量。通过水平扩展,分布式系统能够在不影响现有服务的情况下,顺畅地添加新的节点,从而提升整体的处理能力和存储容量。这种扩展方式与传统的垂直扩展相比,更具经济性和灵活性。

分布式系统的可扩展性得益于其支持自动化资源管理和调度的能力。系统可以在节点增加或减少时,智能地重新分配任务,提高资源利用率。这种自动化机制不仅减少了人为干预的必要性,还提高了系统的响应速度和效率。通过有效的资源管理,分布式系统能够在保持高性能的同时,降低运营成本。此外,这种自动化调度能力还有助于提高系统的容错性和稳定性,确保在出现故障时,系统能够迅速恢复并继续提供服务。

数据分片与复制机制是分布式系统可扩展性的重要体现。通过将数据分散到多个节点上,系统能够显著提高访问速度,同时增强整体性能和可靠性。数据分片使系统可以同时处理大量请求,而数据复制则提供了冗余,确保即使某个节点出现故障,数据仍然可以从其他节点获取。这种机制不仅增强了数据的可用性和一致性,还提高了系统的扩展性。

(三)并发性与一致性

在分布式系统中,并发性与一致性共同决定了系统的性能与可靠性。并发性指的是系统中多个节点能够同时处理任务的能力,这种能力不仅提升了系统的整体吞吐量,还提高了响应速度。通过并行处理,分布式系统能够在处理大规模数据和复杂计算时表现出色,满足现代应用对高效处理的需求。

一致性是指在分布式系统中,所有节点对同一数据的视图保持一致,以避免因并发操作导致的数据不一致问题。为了实现这一点，分布式系统采用了多种一致性模型，如强一致性和最终一致性等。这些模型会根据应用场景的不同需求，提供不同程度的一致性保障。例如，强一致性确保每次数据操作后，所有节点立即看到相同的数据状态，而最终一致性则允许在一定时间内节点间的数据状态达成一致。在选择一致性模型时，需要在性能和一致性之间进行权衡，以适应具体应用的需求。

为了有效管理并发事务，分布式系统引入了多种并发控制机制，如锁、乐观并发控制和版本控制等。这些机制的设计旨在确保数据在高并发环境下的安全性和一致性。锁机制通过限制资源的访问来避免冲突，而乐观并发控制则允许并发操作，并在提交时检测冲突。版本控制通过为数据操作分配版本号，确保操作的顺序性和一致性。这些机制的综合应用，使分布式系统能够在处理大量并发请求时，仍然保持数据的一致性和稳定性，从而为用户提供可靠的服务体验。

（四）透明性

透明性使分布式系统能够隐藏其内部复杂性，从而简化用户和开发者的交互体验。通过透明性，用户和开发者无须深入了解底层的实现细节即可与系统进行交互。这种特性通过提供统一的接口和协议得以实现，使用户能够无缝地访问不同的节点和服务。正因为如此，分布式系统能够将多个分布式资源整合成一个整体，用户使用时如同操作一个单一系统。这种简化的交互方式不仅提高了系统的可用性，也降低了用户和开发者的学习成本。

透明性在故障处理方面发挥了关键作用。当系统中某个节点发生故障时，分布式系统能够自动执行故障转移和恢复操作，而用户对此过程毫无察觉。这种特性确保了服务的连续性和稳定性，增强了系统的可靠性。通过透明的故障处理机制，系统能够在不影响用户体验的情况下，迅速恢复并继续提供服务。这种能力在现代分布式系统中尤为重要，尤其是在需要高可用性和高可靠性的应用场景中。

数据透明性是分布式系统中一个重要方面，它确保用户在访问数据时，不必关注数据的物理位置和存储方式。系统能够自动处理数据的分布和访问，从而提高用户使用的便利性。通过数据透明性，用户可以在任何时候、任何地点以统一的方式访问数据，而无须考虑数据存储的具体细节。这种特性不仅简化了数据管理流程，也提高了数据访问的效率和灵活性，使分布式系统能够更好地支持复杂的应用需求。

三、分布式系统的结构模型

(一)无共享模型

无共享模型的关键在于每个计算节点独立拥有自己的内存和资源,避免了共享内存所带来的复杂性和性能瓶颈。这种设计使各个节点之间不需要共享内存空间,从而降低了系统的耦合度。在无共享模型中,节点之间通过消息传递机制进行通信,这种机制不仅确保了数据的有效传递和协作,还增强了系统的灵活性和可扩展性。通过消息传递,各节点可以在不依赖中央协调的情况下独立执行任务,从而提高了系统的容错能力和可靠性。

无共享模型适用于大规模分布式系统,能够有效支持高并发的处理需求。由于每个节点都拥有独立的资源和内存,系统可以通过增加节点的方式来提升整体的吞吐量和响应速度。这种模型的优势在于其高效的资源利用率和处理能力,特别是在面对大量并发请求时,能够快速响应并处理,提高用户体验。此外,无共享模型的自治性设计使节点可以在不依赖中央协调器的情况下独立执行任务,进一步提升了系统的容错能力和可靠性。

无共享模型的设计强调节点的自治性,各个节点可以独立执行任务,减少了对中央协调的依赖。这种去中心化的设计不仅提升了系统的容错能力,还增加了系统的可靠性。在实际应用中,无共享模型通过节点间的消息传递机制实现高效的数据协作和任务执行,确保系统在高负载情况下仍能保持稳定的性能表现。其灵活的扩展方式使系统可以根据需求动态增加或减少节点,适应不同规模的应用场景,满足不断变化的业务需求。这种灵活性和高效性使无共享模型在现代分布式系统设计中占据重要地位。

(二)共享内存模型

共享内存模型是指多个计算节点可以访问同一块内存区域,这种设计使数据的共享和通信变得异常快速和高效。在对性能要求极高的应用场景中,共享内存模型能够显著提升系统的整体性能。通过减少传统消息传递的开销,共享内存模型提高了系统的响应速度和吞吐量,这对于需要实时处理大量数据的应用而言尤为重要。

在共享内存模型的具体实现中，节点之间通过共享数据结构进行协作，这种协作方式不仅减少了网络通信的延迟，还降低了系统资源的消耗。为了确保在多节点环境下的数据一致性和安全性，共享内存模型通常需要使用锁、信号量等机制来管理对共享内存的访问。这些并发控制机制的引入，有助于保障数据的一致性和系统的可靠性。这些机制的有效应用，能够防止数据竞争和资源冲突，确保系统在高并发环境下的稳定运行。

共享内存模型在多线程和多进程编程中得到了广泛的应用，尤其适合用于需要高效数据共享的场景。例如，在实时数据处理和高性能计算领域，共享内存模型能够提供卓越的性能表现。通过共享内存，多个线程或进程可以快速访问和处理数据，避免了传统通信方式的瓶颈。这种模型的应用，不仅提升了系统的计算能力，还为开发者提供了更灵活的编程接口，使复杂的分布式应用得以更加高效地实现。

(三)客户端服务器模型

客户端服务器模型的基本架构包括两个主要组件：客户端和服务器。客户端的职责是发起请求并展示结果，而服务器负责处理这些请求并返回相应的数据或服务。这种分工明确的架构使系统能够高效地处理大量并发请求，从而提高整体性能。客户端服务器模型的设计使它成为许多现代应用程序的基础，特别是在需要集中管理和分布式访问的场景中。

在客户端服务器模型中，通信通常通过网络进行，这种交互主要基于请求响应机制。通过这种机制，客户端发送请求到服务器，服务器在处理后返回结果给客户端。这种模式确保了数据的高效传输与处理，尤其在处理大量数据或高频请求时，能够显著提升系统的响应速度和稳定性。请求响应机制的高效性使客户端和服务器之间的通信更加可靠，支持了分布式系统的广泛应用。

客户端服务器模型支持多种协议，这些协议使不同类型的客户端和服务器能够进行互操作。这种灵活性使系统可以根据不同的需求进行调整和扩展，增强了系统的适应性和可扩展性。通过支持多种协议，客户端服务器模型能够适应不同的网络环境和应用需求，从而在多变的技术环境中保持有效性和稳定性。

在这种模型中，服务器通常承担数据存储、处理和管理的任务，而客户端则可以是多种设备。这种设计实现了资源的有效分配和利用，使系统能够在不同的设备上运行,从而提高了用户的便利性和系统的资源利用率。通过将复杂的计算和存储任务集中在服务器端,客户端服务器模型能够简化客户端的设计,并降低其对硬件的要求,使分布式系统更加普及和易于访问。

(四)点对点模型

点对点模型是指网络中的各个节点可以直接进行通信,而无须依赖中心化的服务器来传输和处理数据。这种模型增强了系统的灵活性和去中心化特性,使数据传输路径更短,通信效率更高。

在点对点模型中,节点不仅是客户端,也可以充当服务器的角色。这种双重身份赋予了节点处理请求和提供服务的能力,从而实现了资源的高效利用和负载的均衡分配。节点的这种角色转换能力使系统能够动态适应不同的工作负载,提高了系统的弹性。通过这种方式,点对点模型有效地平衡了网络资源的使用,避免了传统中心化模型中常见的资源瓶颈问题。

点对点模型利用分布式哈希表等技术来实现数据的高效查找与存储,这种方法能够支持大规模用户的同时访问,并降低单点故障的风险。分布式哈希表作为一种关键技术,通过将数据分布到各个节点上,确保了数据的高可用性和快速访问。国内外的研究实践表明,分布式哈希表在处理大规模数据集和支持高并发访问时,具有显著的性能优势和可靠性。

点对点模型广泛应用于文件共享、实时通信和分布式计算等场景,能够有效地支持高并发的应用需求,提升系统的整体性能和响应速度。在文件共享方面,点对点模型通过节点间的直接数据传输,提高了数据传输速度和下载效率。在实时通信中,模型的低延迟特性满足了实时数据交换的需求。在分布式计算领域,点对点模型通过节点间的协作计算,实现了计算资源的高效利用和任务的快速处理。

四、分布式系统的应用场景

(一)数据密集型应用

随着数据生成速度的加快和数据量的指数级增长,传统的集中式系统已无法满足处理和分析这些海量数据的需求。分布式系统以其独特的架构优势,为数据密集型应用提供了高可用性和高性能的解决方案。通过将数据存储和处理任务分布在多个节点上，分布式系统不仅提高了系统的整体处理能力，还增强了数据的可靠性和一致性。尤其是在需要对大量数据进行实时分析的场景中，分布式系统的优势更加明显。

在数据密集型应用中，分布式数据库和存储系统是关键的技术组件。它们通过数据的高效分布和冗余机制，确保了数据的可靠性和一致性。分布式数据库能够在多个节点之间自动分配数据存储任务，降低了单点故障的风险，并通过数据复制和分片技术实现了高可用性。同时，分布式存储系统通过冗余备份和故障转移机制，进一步提高了数据的安全性和访问速度。这些技术特性使分布式系统在处理大规模数据集时，能够提供稳定且高效的支持。

分布式系统的并行处理能力是其支持数据密集型应用的一大优势。在需要快速完成复杂数据分析任务的场景中，分布式系统能够将任务分解为多个子任务，并行地在不同节点上执行。这种并行处理模式不仅提高了数据处理的效率，还缩短了数据分析的时间，从而提高了业务决策的实时性。在金融、医疗、零售等行业，这种实时数据分析能力有利于优化业务流程、提升市场竞争力。

数据密集型应用常常需要处理实时流数据，分布式系统通过流处理框架，支持高吞吐量和低延迟的数据处理。这些流处理框架能够实时接收、处理和分析流数据，确保业务系统在面对突发数据流量时，依然能够保持高效运转。分布式系统的这种能力，使企业能够更及时地响应市场变化和用户需求，提升客户满意度和业务灵活性。

分布式系统的可扩展性是其在数据密集型应用中广泛应用的一个重要原因。通过动态调整资源配置，分布式系统能够根据应用需求的变化，灵活地增加或减少计算和存储资源。这种弹性扩展能力，不仅降低了系统的运营成本，还满足了不断增长的数据处理需求。在云计算环境中，分布式系统的可扩展性尤为突出，使企业可以在不影响业务连续性的情况下，轻松应对数据规模的快速增长。

(二)实时在线服务

实时在线服务能够提供低延迟的响应，这意味着用户在请求信息或服务时，可以迅速获得反馈，从而显著提升用户体验。这种快速响应能力在电子商务、在线游戏和社交媒体等领域尤为重要，因为这些领域的用户对服务的即时性要求极高，任何延迟都可能导致用户流失或体验不佳。

分布式系统通过负载均衡技术有效地分配请求,优化资源利用,支持大规模用户的并发访问。这种能力对于应对流量高峰和突发性访问至关重要。负载均衡不仅能提高系统的吞吐量,还能防止单点过载,确保服务的持续可用性和稳定性。在实践中,负载均衡通常结合自动扩展策略使用,以动态调整资源配置,满足实时在线服务的需求。

实时在线服务通常依赖高可用性架构,以确保在节点故障或网络问题时,系统仍能保持正常运行,避免服务中断。高可用性通过冗余设计、故障检测和自动故障转移等机制实现。这些机制能够在系统某一部分失效时,自动切换到备用节点或路径,确保服务不中断。这样的设计对金融、医疗等对可靠性要求极高的行业尤为重要。

分布式数据存储技术为实时在线服务提供了数据的快速读写和高效更新能力,支持动态内容的实时呈现。通过将数据分布存储在多个节点上,系统能够并行处理读写请求,大幅度降低响应时间。数据分片、复制和缓存策略的结合使用,进一步提升了数据访问的速度和可靠性,满足了用户对实时数据更新的需求。

实时在线服务的监控和日志管理工具能够实时跟踪系统性能,及时发现并解决潜在问题,确保服务的稳定性和可靠性。这些工具通过收集和分析系统运行时的数据,帮助运维人员快速定位故障,进行性能调优。实时监控和日志分析不仅能预防问题,还能为未来的系统优化提供数据支持,确保服务质量的持续提高。

(三)分布式数据库系统

分布式数据库系统旨在通过将数据分布存储在多个节点上来提高系统的性能和可扩展性。在分布式数据库的架构设计中,常见的模式包括主从架构、对等架构和分片架构。主从架构通过设定主节点和从节点的方式,实现数据的同步和备份,适用于读多写少的场景;对等架构则是所有节点地位平等,适合高可用性需求;分片架构通过将数据水平拆分,分布到不同的节点上,能够有效处理大规模数据的存储和访问需求。这些架构设计各具特点,选择合适的架构可以显著提升系统的性能和扩展能力。

数据一致性模型在分布式数据库中扮演着至关重要的角色。强一致性模型确保所有节点的数据在任何时间点都是一致的,这对于金融交易等高可靠性场景至关重要。最终一致性则允许短暂的不一致,随着时间的推移,数据逐渐达到一致状态,适用于社交媒体等实时性要求不高的场景。可串行化一致性提供了事务的串行执行效果,确保事务的完整性和一致性。通过合理选择和应用数据一致性模型,分布式数据库能够在性能和一致性之间找到平衡,满足不同应用场景的需求。

分布式数据库的故障恢复机制是保障系统稳定性和数据安全的关键。常用的方法包括数据备份、快照和日志记录。数据备份可以定期保存数据的副本,以便在数据丢失时进行恢复;快照技术能够在特定时间点保存数据状态,快速恢复到快照时刻的状态;日志记录则会详细记录数据操作过程,帮助在故障发生后重建数据。通过这些故障恢复机制,分布式数据库能够在节点故障时迅速恢复数据,保障系统的连续性和可靠性。

在分布式数据库中,查询优化技术的运用至关重要。通过合理的数据分布和索引策略,系统可以显著提高查询效率和响应速度。数据分布策略决定了数据在各节点间的分配方式,影响查询的并行度和负载均衡;索引策略通过构建索引结构,加速数据检索过程,减少查询时间。针对大规模数据处理需求,优化查询性能不仅增强了用户体验,也提升了系统的整体效能。

分布式数据库的安全性管理是保障数据安全和隐私的基础。访问控制机制通过权限设置,确保只有授权用户才能访问特定数据;数据加密技术在传输和存储过程中保护数据免受窃取和篡改;审计机制记录所有数据操作,帮助监控和追溯安全事件。通过这些安全性管理措施,分布式数据库可以有效抵御各种安全威胁,维护数据的完整性和机密性。

第二节　分布式系统中的通信与协调

一、分布式系统通信的基础协议

(一)远程过程调用协议

远程过程调用协议是分布式系统中一种核心的通信机制,它允许程序在不同计算机上进行无缝通信。通过远程过程调用协议,开发者能够像调用本地函数一样调用远程服务,从而极大地简化了分布式系统中的函数调用过程。这种机制不仅减轻了开发者在实现复杂网络通信时的负担,还提高了系统的开发效率和可维护性。远程过程调用协议的设计初衷是为了提供一种透明的通信方式,使开发者无须关心底层网络细节,即可实现跨网络的服务调用。

远程过程调用协议支持多种传输协议,这种多样性使远程过程调用协议具有高度的灵活性和适应性。根据不同的网络环境和应用需求,开发者可以选择最合适的传输协议来实现通信。这种灵活性不仅提高了系统的性能,还使远程过程调用协议能够在各种复杂的网络条件下稳定运行。通过合理选择传输协议,远程过程调用协议可以有效地优化数据传输速度和可靠性,满足不同业务场景的需求。

远程过程调用协议包含序列化和反序列化机制。这些机制将复杂的数据结构转换为可传输的格式,并在接收端还原为原始数据结构,确保数据在网络传输过程中的完整性与一致性。序列化机制的设计至关重要,因为它直接影响数据传输的效率和准确性。通过高效的序列化和反序列化过程,远程过程调用协议能够在不同的计算环境中保持一致的数据交互,保证系统的正确性和稳定性。

远程过程调用协议的错误处理机制能够有效管理网络故障和服务不可用的情况。在分布式系统中,网络不稳定和服务中断是常见的挑战。远程过程调用协议通过实现重试、超时、回调等策略来提高系统的可靠性。这些策略不仅能够在网络出现短暂故障时自动恢复通信,还能在长时间的服务不可用情况下提供合理的降级处理,确保系统的持续可用性和用户体验的稳定。

(二)消息队列通信协议

消息队列通信协议通过异步消息传递机制实现了系统各组件之间的解耦,增强了系统的灵活性和可扩展性。在分布式系统中,组件往往需要以松耦合的方式协同工作,以应对复杂的业务需求和快速变化的环境。消息队列通过将消息存储在队列中,使发送方和接收方可以在不同的时间处理消息,从而实现异步通信。这种机制不仅提高了系统的响应速度,还降低了组件之间的依赖性,使系统更易于维护和扩展。此外,消息队列的灵活性使其能够适应各种应用场景,从而成为分布式系统中不可或缺的通信手段。

消息队列支持多种消息传递模式,如点对点和发布/订阅,满足不同应用场景对消息传递的需求。在点对点模式中,消息发送者和接收者一一对应,适用于需要保证消息被唯一接收者处理的场景。发布/订阅模式则允许多个接收者订阅同一类消息,适用于需要将消息广播给多个接收者的场景。这些模式的存在,使消息队列能够灵活应对不同的业务需求,提供了多样化的解决方案。此外,消息队列还支持消息的过滤和转换功能,进一步提升了其在复杂系统中的应用能力。

消息队列的持久化机制确保消息在传输过程中的可靠性,避免因系统故障导致消息丢失。在分布式系统中,消息的可靠传输至关重要,因为任何消息的丢失都可能导致系统状态的不一致,甚至引发严重的业务错误。为此,消息队列通常提供持久化机制,将消息存储在磁盘或其他持久化介质中,以确保即使在系统故障或重启后,消息仍然可以被成功传递和处理。这种机制不仅提高了系统的可靠性,还增强了系统在处理关键业务时的稳定性和安全性。

消息队列通信协议通常具备高吞吐量和低延迟的特性,能够有效支持大规模并发请求的处理。在分布式系统中,处理大量并发请求是常见的需求,尤其是在互联网应用中,用户请求的峰值可能达到数百万级别。消息队列通过其高效的消息处理机制,能够在短时间内处理大量的消息请求,确保系统的高效运行。同时,低延迟的特性使消息在传输过程中几乎没有感知时间,从而提高了用户体验。这些特性使消息队列成为分布式系统中处理高并发场景的理想选择。

(三)分布式对象协议

分布式对象协议通过对象的远程访问实现了不同计算节点之间的高效通信。这种协议允许对象在网络上透明地交互,使分布式系统能够像在本地一样调用远程对象的方法。分布式对象协议的设计旨在简化开发者的工作,使他们无须关注底层的网络通信细节,从而专注应用逻辑的实现。这种透明性不仅提高了开发效率,还降低了系统的复杂性,使分布式系统的设计和实现更加直观和易于维护。

分布式对象协议通常支持对象的序列化与反序列化,这一特性使复杂数据结构能够在不同系统间顺利传输,确保数据的完整性与一致性。序列化过程将对象状态转换为可传输的格式,而反序列化则将其还原为对象。通过这种机制,分布式对象协议能够在不同的计算节点之间传递复杂的数据结构,而不丢失数据的细节和语义。这种能力对于需要处理复杂数据的分布式应用至关重要,特别是在涉及大数据处理和实时数据分析的场景中。

分布式对象协议不仅能够实现通信,还能够实现对象的生命周期管理,包括对象的创建、销毁及状态维护。这种管理能力使系统能够高效管理分布式环境中的资源,避免资源的浪费和冲突。生命周期管理既确保了对象在其生命周期内的状态一致性和可用性,也为系统的负载均衡和故障恢复提供了支持。通过合理的生命周期管理,分布式系统能够在动态环境中保持高效运行,满足各类应用的需求。

分布式对象协议支持多种编程语言和平台之间的互操作性,增强了系统的灵活性和可扩展性,适应不同应用的需求。在当今多样化的技术环境中,分布式系统需要与各种语言和平台进行交互。分布式对象协议通过标准接口和协议规范,实现了不同技术栈之间的无缝协作。这种互操作性不仅扩展了系统的应用范围,还为开发者提供了更多的选择和灵活性,使他们能够根据具体的应用场景选择最合适的技术和工具。

二、消息传递与队列管理

(一)消息传递机制的选择与优化

在分布式系统中,不同的应用场景对消息传递的需求各异,因此需要根据系统的具体性能需求来选择机制。

低延迟和高吞吐量是消息传递机制选择的重要指标,特别是在需要处理大规模并发请求的场景中。通过合理的机制选择,系统能够高效地处理请求,减少响应时间,从而提升用户体验。在分布式系统中,常用的消息传递机制包括点对点通信、发布订阅模式等,它们各有优缺点,需要根据系统的特定需求进行权衡和选择。

为保证分布式系统稳定运行,应优化消息传递的可靠性。通过实现消息持久化和确认机制,可以在系统故障时有效防止重要数据的丢失。消息持久化可以确保消息在被处理之前不会丢失,即便系统发生崩溃,消息也能被重新读取和处理。确认机制则用于确保消息被成功接收和处理,从而避免消息丢失或重复处理。通过这些优化措施,系统能够在面对各种不确定性时保持数据的完整性和一致性,提升整体的可靠性。

为提升系统的响应能力,可以采用异步消息传递模式。异步模式允许消息的生产者和消费者独立工作,生产者可以在不等待消费者处理消息的情况下继续执行其他任务。这种模式减少了系统的耦合度,使各组件可以独立扩展和优化,从而提高系统的可扩展性和灵活性。此外,异步消息传递还能够有效应对突发流量,确保系统在高负载情况下仍能保持较好的响应性能。

实施消息优先级管理和流量控制策略有助于优化资源利用。在分布式系统中,资源有限且任务繁多,因此需要合理分配资源以确保关键任务获得足够的处理能力。通过设定消息优先级，系统能够优先处理重要任务，降低延迟，提高效率。流量控制则用于管理进入系统的请求量，避免系统过载。通过这些策略的实施，系统可以在资源有限的情况下实现最佳性能，确保任务的及时处理和系统的稳定运行。

（二）队列管理与处理策略

1.队列的优先级管理策略

队列的优先级管理策略通过为不同类型的消息分配优先级，确保关键任务能够优先处理。这种方法不仅能提高系统的响应能力，还能有效减少任务处理的延迟。优先级的设定通常基于任务的重要性、紧急程度及对系统资源的需求程度。通过合理的优先级管理，系统可以在高负载情况下仍然保持平稳运行，避免重要任务被延迟或忽略。

2.消息消费的负载均衡策略

消息消费的负载均衡策略是一项关键技术，通过将消息处理任务均匀分配到多个消费者，避免了单个消费者的过载问题。这种策略不仅能提高整体处理效率，还能有效利用系统资源，避免资源浪费。负载均衡可以通过多种方式实现，包括轮询、随机分配及基于消费能力的动态调整等。通过负载均衡，系统能够在不同的消费节点间实现均匀分配，确保每个节点都能在其能力范围内高效工作。

3.消息重试与失败处理策略

消息重试与失败处理策略是保证系统可靠性的重要手段。对于处理失败的消息，系统可以选择重试或将其转移到死信队列。重试策略通常设定一定的重试次数和间隔时间，以避免因瞬时故障导致消息丢失。对于无法成功处理的消息，死信队列的使用能够确保数据的完整性，便于后续分析和处理。通过这些策略的实施，系统能够在面对不确定性和故障时，保持较高的可靠性和数据完整性。

三、协调机制与一致性算法

（一）分布式锁与同步机制

分布式锁与同步机制的主要任务是确保在多个节点对共享资源进行访问时，能够避免数据冲突和不一致性。分布式锁是指在分布式环境下，通过某种锁机制来管理对资源的访问权限，以确保资源在同一时间仅被一个节点操作。分布式锁的实现依赖一致性协议和分布式协调服务。通过这些工具，系统能够有效地管理锁的状态和持有者信息，从而维护数据的一致性和完整性。

分布式锁通常分为悲观锁和乐观锁两种类型，各自适用于不同的应用场景和需求。悲观锁假设资源竞争是常态，因此在访问资源前会先锁定资源，以防止其他节点的并发访问。这种锁适合高竞争环境，但可能导致系统性能下降。相对的，乐观锁则假设资源竞争是偶发的，因此在访问资源时不做预先锁定，而是在提交更新时检查冲突。这种锁适合低竞争环境，能够提供更高的并发性和系统吞吐量。通过灵活的锁管理策略，开发者可以根据具体需求选择合适的锁类型。

分布式同步机制的设计与实现是确保多个节点之间操作顺序和数据一致性的核心。通过同步机制，系统能够协调节点间的操作，避免由于并发操作带来的数据不一致和错误。常见的分布式同步机制包括基于时间戳的协议、版本号控制及分布式事务等，这些机制通过严格的顺序控制和状态管理，确保了系统在面对高并发和复杂操作时仍能保持一致性。设计一个高效的同步机制需要综合考虑系统的拓扑结构、节点间的通信延迟及数据更新频率等因素。

在实际应用中，分布式锁和同步机制对系统性能有显著影响。它们不仅决定了系统的响应时间，还影响资源的利用率。过于严苛的锁机制可能导致系统过载，而过于宽松的锁策略则可能引发数据不一致。因此，优化分布式锁和同步机制的设计是提升整体系统性能的关键。在优化过程中，需要权衡锁的粒度、锁的持有时间及锁的竞争策略，通过合理的设计与调整，既能确保数据的一致性，又能最大化地提高系统的稳定性。

（二）领导者选举与协调机制

领导者选举机制的基本原理在于选出一个节点作为系统的协调者，负责管理资源和任务分配。这一机制的设计需要考虑系统的拓扑结构和网络延迟等因素，以确保在各种环境下都能有效地进行领导者选举。通过合理的领导者选举机制，可以显著提高系统资源的利用效率，减少任务分配的冲突和资源浪费，从而提升系统的整体性能。

领导者选举算法的类型主要包括基于投票的算法和基于时间戳的算法。基于投票的算法通常适用于具有稳定网络拓扑的环境中，这类算法通过节点间的投票过程来选出领导者。基于时间戳的算法则更适合网络延迟较大的环境，通过时间戳来确保选举过程的顺序性和一致性。不同类型的算法各有优劣，选择合适的算法需要结合具体的网络条件和系统需求，以实现最佳的选举效率和可靠性。

在分布式系统中，领导者的角色和职责至关重要。作为系统的协调者，领导者需要处理客户端请求，确保数据的一致性，并管理各节点的状态。这不仅要求领导者具备快速响应请求的能力，还需要其在数据一致性方面进行有效的协调，避免数据冲突和不一致情况的发生。通过合理的领导者职责分配，可以有效提升系统的整体性能和可靠性，确保系统在高负载条件下仍能稳定运行。

领导者选举失败后的恢复机制是确保系统持续可用性的关键。在分布式系统中，任何节点都有可能出现故障，导致领导者失效。此时，系统需要具备快速恢复能力，能够迅速进行新领导者的选举，以维持系统的正常运作。常见的恢复机制包括故障检测、重新配置和快速选举等步骤，通过这些机制，系统可以在最短时间内恢复到稳定状态，确保服务的连续性和可靠性。

（三）跨节点事务一致性管理

跨节点事务一致性管理的核心目标是确保在多个分布式节点之间，数据的状态变更能在所有相关节点上保持一致。这一机制的必要性在于防止数据不一致的情况发生，从而保障系统的可靠性和数据的完整性。分布式系统的复杂性要求在数据的写入和读取过程中，所有节点都能对数据变更达成共识，避免因为网络延迟或节点故障导致的数据差异。这种一致性管理不仅是技术实现的难题，也涉及如何在性能和一致性之间取得平衡的问题，这是分布式系统设计中的一个关键挑战。

实现跨节点事务一致性通常依赖分布式事务协议，其中最常见的有两阶段提交和三阶段提交。这些协议通过协调各节点的操作，确保事务的原子性和一致性。两阶段提交协议通过准备和提交两个阶段来协调事务，确保所有节点都能在事务提交前准备好，而三阶段提交则在此基础上增加了一个确认阶段，以提高故障恢复的能力。尽管这些协议能够有效地管理事务一致性,但它们也可能引入额外的延迟和开销。因此,在实际应用中,开发者需要根据系统的需求和环境选择最合适的协议,以实现最佳的性能与一致性。

在分布式系统环境中,节点故障或网络分区是常见的挑战,这要求系统具备强大的故障恢复能力,以确保已提交的事务不会丢失,并能有效回滚未提交的事务。故障恢复机制通常涉及日志记录、检查点设置和事务重做等技术,以便在故障发生时能够快速恢复系统状态。有效的故障恢复策略不仅能提高系统的可用性,还能减少因故障导致的数据不一致风险,从而提升系统的整体可靠性。

四、通信延迟与带宽优化技术

(一)通信协议的轻量化与优化

在分布式系统中,设计轻量化的通信协议需要遵循特定原则,旨在减少数据包的大小和传输延迟,从而提高系统的整体通信效率。通过精简协议头部信息,减少冗余数据,能够显著降低传输数据的体积,进而减少网络带宽的占用。此外,优化数据序列化和反序列化过程也能够有效提高通信效率。采用高效的编码方式,可以有效地减少数据在网络传输中的体积,降低带宽消耗,使系统在处理大量数据时依然能够保持高效的性能。

引入压缩算法对传输数据进行压缩,有利于提高带宽利用率。特别是在带宽受限的网络环境中,数据压缩技术能够显著改善数据传输速度。压缩算法通过将数据进行编码,减少原始数据的大小,使在有限的带宽下可以传输更多的数据量。这种方法不仅提高了带宽利用率,还在一定程度上减少了传输延迟,有助于提升分布式系统的整体性能。

实现协议的可扩展性能够确保分布式系统灵活应对各种应用需求和网络条件。通过允许动态调整协议参数,系统能够根据不同的应用场景进行自适应优化。这种可扩展性设计使协议能够在面对多变的网络环境时,依然保持高效的通信能力。无论是面对高带宽的局域网,还是低带宽的广域网,协议的动态调整功能都能确保系统在各种条件下的稳定运行。

简化协议的交互流程可以有效提高通信响应速度。通过减少不必要的消息往返次数,可以显著提高系统的响应速度,优化整体性能。简化交互流程不仅减少了通信延迟,还降低了系统的资源消耗,使分布式系统能够在高并发环境中保持高效的运行状态。这种优化策略对于需要实时响应的应用场景尤为重要,能够显著提升用户体验和系统的可靠性。

(二)数据压缩技术与传输效率提高

在分布式系统中,数据压缩技术通过减少数据的大小,降低了传输所需的带宽,从而提高了系统的整体性能。数据压缩技术的基本原理是通过去除冗余信息来减少数据体积,其主要分为无损压缩和有损压缩两种类型。无损压缩能够在解压缩时完全还原原始数据,适用于对数据完整性要求较高的场景,如文本文件和程序代码。有损压缩则通过舍弃部分数据来实现更高的压缩比,常用于多媒体数据,如图像和音频文件,在这些场景中,人眼或耳朵对细节的损失不敏感。

数据压缩算法的性能评估标准是选择合适算法的重要依据。主要的评估标准包括压缩比、压缩速度和解压缩速度。压缩比指的是压缩后数据大小与原始数据大小的比值,是衡量压缩效果的重要指标。压缩速度和解压缩速度则分别衡量了算法执行压缩和解压缩操作所需的时间,这两个指标对于实时性要求高的应用尤为重要。在分布式系统中,传输效率的提高不仅依赖压缩比的提高,还需要综合考虑压缩和解压缩的速度,以确保对系统响应时间的影响最小。

在分布式系统中应用数据压缩的策略需要根据具体应用场景进行选择。选择合适的压缩算法可以显著优化带宽利用,降低通信延迟。对于需要频繁传输大量数据的应用,选择压缩速度快的算法可以有效减少等待时间,提高系统的吞吐量。在带宽受限但对数据完整性要求不高的场景中,选择压缩比高的算法则可以最大程度节省带宽资源。通过合理的压缩策略,可以在不同的网络条件下实现资源的最优配置,提升系统的整体性能。

数据压缩对网络带宽的影响在高并发环境下尤为显著。通过减少传输数据的大小,压缩技术可以有效缓解网络拥堵,提高系统的响应速度。在高并发环境中,网络带宽往往成为影响系统性能的瓶颈。通过数据压缩,系统可以在有限的带宽条件下支持更多的并发请求,从而提高系统的可扩展性和稳定性。此外,压缩技术还可以降低数据存储和传输的成本,为企业提供更具性价比的解决方案。

(三)动态带宽分配与流量控制策略

动态带宽分配策略是一种根据实时网络流量和应用需求自动调整带宽分配

的方法。这种策略不仅提高了网络资源的利用效率,还有效地应对了网络流量的波动性问题。在分布式系统中,应用程序的需求和网络条件可能随时发生变化,动态调整带宽分配可以确保系统资源得到最优配置,避免资源浪费和性能瓶颈。

流量控制策略通过监控网络流量的变化,动态调整数据传输速率,以防止网络拥堵并确保数据传输的稳定性。通过这种方式,网络可以在高流量负载时避免因拥塞导致的性能下降。流量控制策略的实施需要对网络流量进行精确的监测和分析,以便在适当的时机调整传输速率,从而保障网络的稳定运行。这种策略对于需要高可靠性和稳定性的分布式系统尤为重要。

在动态带宽分配中,基于优先级的带宽分配机制能够根据不同应用的紧急程度和重要性合理分配带宽资源。这种机制确保了关键应用在带宽资源紧张的情况下仍能保持良好的性能。通过为高优先级应用分配更多的带宽资源,系统可以在满足关键任务需求的同时,优化整体性能。这种优先级分配机制在多任务处理和资源竞争激烈的环境中尤为有效。

动态带宽分配与流量控制策略的结合使用,实现了对网络资源的智能管理。这种整合策略不仅提升了系统整体的响应速度,还显著改善了用户体验。在分布式系统中,通过智能化的带宽管理和流量控制,可以有效减少延迟,提高数据传输效率,为用户提供更流畅的服务体验。这种策略的成功实施需要技术人员具备深厚的网络管理知识和实践经验。

第三节　分布式系统的容错与恢复

一、分布式系统的错误类型与检测方法

(一)错误类型的分类与特性分析

1.硬件故障

硬件故障包括计算节点、存储设备和网络设备等物理组件的故障。这些故障通常会导致服务中断或性能下降,影响系统的整体运行效率。硬件故障的检测通常依赖硬件监控工具,通过实时监控设备的健康状态,及时发现并处理故障,以保

证系统的持续可用性。

2. 软件故障

软件故障涉及操作系统、应用程序或中间件中的缺陷或错误。这类故障可能导致系统崩溃、数据损坏或功能失效，进而危及系统的正常运作。软件故障的检测需要依靠日志分析、异常检测和自动化测试等方法，以识别潜在问题并进行修复。通过对软件故障的深入分析，开发人员可以改进系统设计，增强系统的稳定性。

3. 网络故障

网络故障包括网络延迟、丢包或断连等问题。这些故障会影响节点间的通信，可能导致数据不一致或请求超时。为了检测和缓解网络故障，分布式系统通常采用网络监控工具和冗余机制，以确保数据传输的可靠性和及时性。通过优化网络协议和改进网络架构，系统可以更好地应对网络故障带来的不利影响。

4. 人为错误

人为错误是分布式系统中不可忽视的错误类型，由于操作人员的错误配置、错误操作或维护不当等原因，可能引发系统故障或安全漏洞。为了减少人为错误的发生，分布式系统应加强人员培训、制定操作规范，确保操作人员具备必要的技能和知识。此外，自动化运维工具的使用也可以有效降低人为错误的风险，提高系统的整体安全性和可靠性。

(二)错误检测机制与算法设计

错误检测机制的设计需要综合考虑系统的复杂性和多样性，以确保能够及时识别和处理潜在的故障。在分布式环境中，由于节点的数量众多且分布广泛，传统的集中式错误检测方法往往难以适用。因此，分布式系统通常采用分布式的错误检测机制，以提高检测的效率和准确性。这些机制不仅需要能够快速响应节点故障，还必须具备一定的容错能力，以应对可能出现的误报和漏报情况。

基于心跳机制的错误检测是一种常用的方法，通过定期发送心跳信号来监测节点的存活状态。心跳信号是一种轻量级的通信方式，能够在不增加系统负担的情况下，持续监控各个节点的运行状态。当一个节点未能在预定时间内收到心跳响应时,系统会认为该节点可能出现故障,从而触发相应的故障处理流程。这种机制的优点在于简单高效,能够在较短时间内检测到节点的失效。

异常检测算法在分布式系统中得到了广泛应用。通过分析系统运行时的性能指标与行为模式,异常检测算法能够自动识别出偏离正常状态的异常情况。这些算法通常基于机器学习和统计分析技术,能够在大量数据中快速识别出异常模式,并及时触发警报以进行故障排查。异常检测算法的应用不仅能够提高系统的故障检测能力,还能帮助系统管理员预见潜在的问题,从而采取预防措施,降低数据丢失的风险。

冗余检测机制通过在系统中引入冗余节点或数据副本,确保在主节点或数据源出现故障时,能够迅速切换到冗余资源,保障系统的持续可用性。这种机制在分布式系统中尤为重要,因为它能够在节点失效的情况下,保证系统的正常运行。冗余检测机制的设计需要考虑冗余资源的数量和分布,以在故障发生时提供足够的替代资源。此外,冗余机制还需要具备快速切换的能力,以减少故障对系统性能的影响。

日志分析与监控工具的结合是提高系统可靠性的一种重要方法。通过利用系统日志记录和实时监控技术,管理员可以深入分析系统的运行状态,及时发现潜在的错误和故障。日志分析工具能够帮助识别系统运行中的异常行为和错误模式,而实时监控工具则可以提供系统的即时状态信息。这种结合不仅能够提高故障检测的及时性,还能为故障排查提供重要的参考信息,帮助管理员快速定位和解决问题,提升系统的整体可靠性。

(三)实时监控与故障诊断技术

实时监控系统通过收集和分析各种性能指标,如 CPU 使用率、内存消耗、网络流量等,能够及时识别出系统的瓶颈和异常行为。这个过程不仅能帮助运维团队快速发现潜在问题,还能在问题演变为严重故障之前进行干预。实时监控的有效性在于其能够提供持续的系统状态反馈,使运维人员可以在问题发生的早期阶段采取措施,避免影响系统的整体性能和用户体验。

故障诊断技术的应用进一步增强了分布式系统的可靠性。借助机器学习和数据挖掘算法,故障诊断技术可以从庞大的历史数据中学习故障模式,从而提高故障预测的准确性。这种基于数据驱动的方法能够显著减少系统停机时间,因为它允许系统在问题发生前进行预警,并在问题发生时迅速采取补救措施。这种预测性维护策略不仅提升了系统的可用性，还降低了因故障导致的经济损失。

集成化监控平台的出现为分布式系统的运维提供了更为全面的解决方案。通过整合多种监控工具和数据源，这些平台能够提供统一的视图，使运维人员可以全面掌握系统状态。这样的整合不仅减少了运维人员在多个工具之间切换的时间，还提高了故障处理的效率。集成化平台的另一个优势在于其可扩展性和灵活性，能够适应不同规模和复杂度的系统需求。

基于日志的故障诊断技术提供了一种强有力的工具，通过分析系统日志，运维人员可以识别出故障发生的根本原因。这种方法支持快速定位问题，并制定相应的修复措施。日志分析不仅能帮助识别当前问题，还能为未来的系统改进提供有价值的见解。通过深入了解故障的触发条件和影响范围，运维团队可以更有效地优化系统配置和设计，降低未来故障发生的概率。

二、分布式系统的容错策略

(一)副本机制与数据冗余策略

副本机制与数据冗余策略通过在多个节点上存储数据的副本，显著提升了系统的数据可用性和容错能力。这一策略确保即便某个节点出现故障，其他节点仍能继续提供服务，从而保证系统的稳定运行。

副本机制的核心在于其对数据的多点存储能力，这不仅提高了数据的可靠性，还为系统的连续性提供了保障。尤其是在云计算环境中，副本机制被广泛应用于分布式数据库和文件系统中，通过多副本的存储策略，减少了单点故障的影响，增强了系统的健壮性。

数据冗余策略通过在不同地理位置存储数据副本，进一步降低了因自然灾害或区域性故障导致的数据丢失风险。这种策略不仅提升了系统的灾难恢复能力，还为数据的长期保存提供了安全保障。在全球化的互联网环境中，数据冗余策略尤为重要，它确保了即便在某一地区发生不可抗力事件时，数据依然可以从其他地区恢复。通过合理的地理分布，系统可以有效规避区域性风险，从而提升整体的服务连续性和可靠性。

副本机制的设计需要考虑访问频率和数据更新情况，动态调整副本的数量和位置，以优化系统的读写性能和资源利用率。在实际应用中，副本数量的调整不仅要考虑当前的访问需求,还要预估未来的访问趋势,以便在资源利用和性能之间找到最佳平衡。动态调整策略能够根据实时数据分析,自动增减副本数量,确保在高峰期提供足够的服务能力,而在低谷期则节省资源,降低系统的运营成本。

副本机制的设计应考虑存储成本与性能之间的权衡,合理规划副本数量和存储策略,以实现高效的资源管理和系统性能优化。在资源有限的情况下,如何在性能和成本之间找到平衡点,是分布式系统设计中的一个重要挑战。通过合理的副本管理策略,系统可以在不显著增加成本的情况下,提升整体性能和可靠性,从而为用户提供更好的服务体验。

(二)服务降级与熔断机制

服务降级策略的核心在于确保系统在部分功能失效时仍能保持核心功能的可用性,避免用户体验的完全中断。通过限制非关键功能的可用性,系统可以在资源紧张或某些服务不可用时,优先保障关键业务的稳定运行。这种策略不仅能提高系统的稳定性,还能在一定程度上提升用户对系统的容忍度和信任度。服务降级策略的设计需要深刻理解系统的业务逻辑和用户需求,以便在紧急情况下做出最优的功能取舍。

熔断机制通过监测服务的健康状态,快速切断对故障服务的调用,防止故障蔓延,保护系统其他部分的正常运行。熔断机制的灵感源于电路系统中的熔断器,当电流过载时,熔断器会自动断开电路以保护设备。同样的,在分布式系统中,熔断机制通过实时监控服务的响应时间和错误率等指标,判断服务是否处于健康状态。一旦某个服务的错误率超过设定阈值,熔断机制会立即中断对该服务的请求,避免故障影响扩大。这种机制不仅能提高系统的稳定性,还能为运维人员争取时间进行故障排查和修复。

服务降级与熔断机制的实施需要明确的触发条件和恢复策略,以确保在故障发生后能够迅速恢复服务正常状态。触发条件通常基于实时监控数据,如响应时间、错误率等,而恢复策略则涉及如何在故障消除后逐步恢复服务。有效的恢复策略应当是渐进式的,避免在故障解除后立即恢复所有服务,导致系统再次过载。通过设定合理的恢复时间间隔和恢复顺序,系统能够在逐步恢复的过程中监控服务的健康状态,确保故障不会再次发生。

在设计服务降级与熔断机制时,应考虑业务优先级,确保重要服务在故障情况下仍然能够优先处理。业务优先级的确定需要综合考虑用户需求、业务影响和系统资源等因素。对于一些关键业务，如支付系统、用户登录等，系统应优先保证其在任何情况下的可用性。对于一些非关键业务，如推荐系统、广告推送等，则可以在资源有限时选择性地进行降级处理。通过合理的业务优先级设定，系统能够在资源紧张时最大化地保障用户体验。

服务降级与熔断机制的有效性依赖实时监控与反馈机制，通过数据分析不断优化策略，以提升系统的整体可靠性。实时监控系统可以提供服务运行状态的即时反馈，为故障的检测和判断提供依据。同时，反馈机制能够收集用户在服务降级期间的使用体验和问题反馈，为策略优化提供数据支持。通过对监控数据和用户反馈的综合分析，系统可以不断调整和优化服务降级与熔断策略，确保在面对不同类型的故障时能够迅速响应并采取最优的处理措施。

(三)混沌工程与故障演练

混沌工程的核心理念是通过故意引入故障来测试系统的稳定性和恢复能力。这种方法的独特之处在于，它能够在系统正常运行的情况下，通过模拟真实的故障场景，提前发现系统潜在的脆弱点，从而增强系统的可靠性。混沌工程的实施不仅是对技术的挑战，也是对管理和策略的一次考验。通过系统化的故障演练，团队可以在受控环境中测试系统的极限，确保在真实故障情况下，系统能继续正常运行，减少对用户的影响。

混沌工程强调通过故意制造故障，以验证分布式系统在异常情况下的表现。其目标是通过模拟各种可能的故障情境，评估系统在面对这些问题时的反应能力和恢复能力。混沌工程不仅是为了发现系统的薄弱环节，也是为了确保在真实故障情况下，系统能够快速恢复并维持正常的服务水平。这种方法强调在开发周期的各个阶段进行持续测试，从而在系统上线之前就发现和修复潜在的问题，避免在生产环境中出现严重的故障。

故障演练的实施策略是混沌工程的重要组成部分。首先，需要精心设计故障场景，这包括识别可能影响系统稳定性的各种因素，如网络延迟、硬件故障等。其次，确定故障触发条件，以便在合适的时间和环境下引入故障，确保测试的有效性。最后，通过监控系统的反应，评估其容错能力和应急响应能力。通过这些步骤，团队可以对系统在不同故障情境下的表现进行全面分析，从而识别出需要改进的地方，提升系统整体的可靠性。

三、系统恢复技术与数据一致性保障

(一)数据恢复的技术手段

1.数据备份技术

通过定期备份系统数据,可以在数据丢失或损坏时快速恢复到最近的状态。这种技术不仅能在硬件故障或软件错误导致数据丢失时提供保障,还能在遭遇恶意攻击时发挥重要作用。备份的频率和策略直接影响恢复的速度和数据的完整性,因此在设计备份系统时需要考虑系统的具体需求和业务连续性要求。

2.快照技术

快照技术通过在特定时间点保存数据状态,使系统在故障后能够快速回滚到之前的稳定状态。这种技术的优势在于其操作简单,恢复速度快,并且对系统性能影响较小。快照可以在几秒钟内完成,这对于需要高可用性和连续性的分布式系统尤为重要。在选择快照技术时,需要考虑存储开销和快照管理的复杂性,以便在性能和成本之间找到最佳平衡。

3.数据恢复软件

数据恢复软件使用先进的数据恢复工具和算法,从损坏或丢失的存储介质中提取和恢复数据。它们能够处理各种数据损坏场景,包括文件系统损坏、磁盘坏道、意外删除等。选择合适的数据恢复软件需要考虑其支持的文件系统类型、恢复效率和用户界面友好性。此外,软件的更新和技术支持也是选择时需要关注的因素,以确保在数据恢复过程中获得最佳的支持和性能。

4.冗余存储方案

冗余存储方案通过在多个位置存储数据副本,确保在某个存储设备发生故障时,数据仍然可以从其他副本中恢复。此方法通过增加数据的冗余度来提高系统的容错能力。常见的冗余存储技术包括独立磁盘冗余阵列和分布式文件系统,它们在不同的应用场景中提供了不同的性能和可靠性保障。在设计冗余存储方案时，需要综合考虑数据的重要性、存储成本和系统的可扩展性，以确保数据在各种故障条件下的安全性和可用性。

(二)分布式事务管理与一致性维护

分布式事务管理的核心目标在于确保数据的一致性，即便在多个节点之间进行复杂的事务操作时，也能通过协调各节点的行为，避免因网络延迟或节点故障导致的数据不一致问题。这种一致性要求在分布式环境中尤为重要，因为系统的任何部分可能会在任何时间出现故障。为了应对这些挑战，分布式系统需要设计出高效的事务管理机制，以保证数据的完整性和一致性。

两阶段提交协议是实现分布式事务管理的常用技术之一。该协议通过将事务的提交过程分为准备阶段和提交阶段，确保所有参与节点在事务中要么一致地完成，要么一致地回滚。这种机制通过协调各节点的操作，避免了分布式环境中常见的数据不一致问题。

在分布式环境中，跨节点事务的失败恢复机制至关重要。通常情况下，这些机制包括重试机制和补偿事务，以确保在网络问题或节点故障时，已提交的事务能够得到有效的恢复。重试机制允许系统在检测到故障后自动重新尝试提交事务，而补偿事务则提供了一种回滚或抵消已完成事务影响的方法。这些机制的引入，极大地提升了系统对故障的容忍能力，确保在异常情况下系统仍能维持一致性和可靠性。

分布式事务管理在实现数据一致性保障的同时，还需要考虑性能优化。通过减少网络通信、优化数据访问路径和引入异步处理机制，可以显著提高系统在高并发场景下的事务处理效率。减少网络通信可以降低事务处理的延迟，而优化数据访问路径则可以提高数据读取和写入的速度。异步处理机制允许系统在事务提交过程中不必等待所有节点的响应，从而加快事务的整体处理速度。这些优化措施的综合应用，使分布式系统能够在保证一致性的同时，满足现代应用对高性能的要求。

(三)自动化恢复与自主修复机制

自动化恢复机制通过实时监控系统状态，能够及时识别故障并自动触发恢复流程。这样的机制不仅减少了人工干预的需求，还显著提高了系统的可用性和响应速度。通过持续的状态监控，系统能够在故障发生的瞬间做出反应，快速地将系统恢复到正常运行状态。这种自动化的处理方式在面对突发故障时，能够有效地保障系统的稳定性和可靠性。

自主修复机制进一步提升了系统的自愈能力。通过利用机器学习和智能算法，自主修复机制可以分析历史故障数据，预测潜在的故障并自动进行修复。这种机制不仅能够在故障发生前采取预防措施，还能在故障发生后迅速恢复系统的正常运行。通过对故障模式的学习和分析，系统可以不断优化自身的恢复策略，减少故障对业务的影响。自主修复机制的引入，使系统具备了更高的智能化水平，能够在复杂的分布式环境中保持高效运作。

自动化恢复与自主修复机制的结合使用，能够在故障发生时快速切换到备用资源，确保系统的持续运行，降低业务中断的风险。在分布式系统中，资源的动态调度和故障的快速响应是保障系统稳定运行的关键。通过自动化和自主化的恢复策略，系统能够在最短的时间内完成故障的处理和资源的重新分配，确保业务的连续性和数据的一致性。这种机制的有效实施，极大地提高了系统的适应性。

（四）灾难恢复规划与数据备份策略

灾难恢复规划的核心在于设定明确的恢复时间目标和恢复点目标，这两个指标决定了系统在发生故障后能够多快恢复到正常运行状态及能够恢复到故障前哪个时间点的数据状态。恢复时间目标和恢复点目标的设定需要综合考虑业务连续性需求和系统架构特点，以确保在意外事件发生时，系统可以快速恢复到预定的服务水平，最大限度地减少业务中断和数据丢失。

在数据备份策略方面，采用多种备份方式能够确保数据的安全和系统恢复的灵活性。全备份、增量备份和差异备份各有优劣，全备份提供了完整的数据副本，但耗时长且存储需求大；增量备份和差异备份则通过仅保存变化数据来节省时间和存储空间。合理的备份策略应在备份时间、存储成本和数据恢复速度之间找到平衡，以满足不同场景下的恢复需求。这样的多样化备份策略不仅能提升数据恢复的灵活性，还能有效降低系统运营成本。

灾难恢复计划的有效性依赖定期的演练和检验。通过定期演练，团队成员能够熟悉恢复流程，确保在实际灾难发生时能够迅速响应。演练过程也为发现和改进计划中的薄弱环节提供了机会。通过不断地演练和优化，灾难恢复计划可以更贴近实际需求，提升系统的整体恢复能力，确保在各种突发事件中数据和服务的安全性和可用性。

在灾难恢复中，地理冗余是降低自然灾害或区域性故障对数据安全影响的重要策略。通过将备份数据存储在不同的地理位置，可以有效防范因地震、洪水等自然灾害导致的数据丢失。地理冗余不仅增加了数据存储的可靠性，也为数据的快速恢复提供了更多选择。通过在全球范围内分布数据备份，系统可以在局部故障发生时，迅速切换到其他区域的数据中心，继续提供服务，确保业务的连续性和数据的完整性。

第四节　分布式系统的负载均衡与性能优化

一、分布式系统中负载均衡技术的概念

（一）负载均衡的基本概念与原理

负载均衡的核心在于将用户请求或数据流量合理地分配到多个服务器或计算节点上，以此来提升系统的处理能力和响应速度。通过动态监测各个节点的负载情况，负载均衡技术能够智能选择最优节点来处理请求。这样的机制确保了系统资源的高效利用，避免了某个节点因过载而导致的性能瓶颈或服务中断。负载均衡的原理依赖分布式系统中资源的动态管理，能够根据实时的负载变化，灵活调整资源的分配。

为了适应不同的应用场景和性能需求，负载均衡可以采用多种算法。常见的算法包括轮询算法、最少连接数算法和加权分配算法等。轮询算法通过依次将请求分配到每个节点，确保所有节点的负载大致均衡；最少连接数算法则优先选择当前连接数最少的节点，以实现更快速的响应；加权分配算法则根据节点的不同性能给予不同的权重，从而提高资源的使用效率。这些算法的选择通常取决于系统的具体需求和应用场景。

负载均衡不仅能提高系统的可用性，还能有效降低单个节点的压力，避免因过载导致的服务中断或性能下降。通过合理的负载分配，系统能够在面对大量并发请求时保持稳定的性能表现。此外，负载均衡还支持系统的高可扩展性，使其在用户需求变化时，能够灵活调整资源配置，确保自身的稳定性和性能。这样的

灵活性对于现代分布式系统的设计与管理至关重要,能够帮助企业在快速变化的市场环境中保持竞争优势。

(二)基于硬件的负载均衡解决方案

在分布式系统中,基于硬件的负载均衡解决方案是一种重要的技术手段,旨在通过专用硬件设备来管理和分配网络流量。硬件负载均衡器的主要功能是快速处理大量请求,优化流量分配,从而提升系统的整体性能。这些设备通常具备高效的处理能力,能够在短时间内响应大量用户请求,确保系统在高负载情况下依然能够稳定运行。通过优化流量的分配,硬件负载均衡器能够有效地减少服务器的负载压力,避免单点故障,提高系统的可靠性。

硬件负载均衡解决方案的架构设计通常强调高可用性和冗余配置,以确保在硬件故障时系统仍能正常运行。这种设计理念使硬件负载均衡器在实际应用中能够提供更高的服务连续性和稳定性。通过冗余配置,多个负载均衡器可以协同工作,当一个设备出现故障时,其他设备能够迅速接管其工作,从而避免服务中断。这种架构设计不仅提高了系统的可靠性,还提升了系统的容错能力,使其能够在复杂的网络环境中保持高效运行。

硬件负载均衡器的性能监控与分析能力是其一大优势。通过实时数据收集和性能指标跟踪,运维人员能够及时了解系统的运行状况,并根据实际需求调整负载分配策略。这种实时监控能力使系统能够动态适应流量变化,确保资源的合理利用。此外,性能分析工具还可以帮助运维人员识别潜在的性能瓶颈,进行预防性维护,从而进一步提高系统的稳定性和效率。

硬件解决方案支持多种负载均衡算法,如基于国际互联协议地址的路由、会话保持和内容感知等,以适应不同应用场景的需求。这些算法的灵活性使硬件负载均衡器能够根据应用的具体需求进行优化配置。例如,基于国际互联协议地址的路由适用于需要简单流量分配的场景,而会话保持则适用于需要维护用户会话状态的应用。内容感知负载均衡则能够根据请求内容进行流量分配,适用于需要精细化流量管理的复杂应用。

(三)基于软件的负载均衡技术

基于软件的负载均衡技术,通过使用先进的软件算法,能够动态分配流量,确保系统资源的最优利用,从而提升整体性能。这种技术的核心在于其灵活性和智能性,能够根据实时监控数据进行智能调整,以适应不断变化的流量模式和用户需求。软件负载均衡器不仅能够有效分配请求,还能够通过分析当前系统状态和预测未来流量趋势,提前进行优化配置,确保系统在高负载情况下依然能够保持稳定和高效。

软件负载均衡技术支持多种策略,以满足不同应用场景的需求。其中,常见的策略包括轮询、最少连接及 IP 哈希等。轮询策略通过循环分配请求,确保每个服务器得到均衡的请求数量;最少连接策略则将新的请求分配给当前连接数最少的服务器,从而平衡服务器负载;IP 哈希策略根据请求的来源 IP 进行分配,确保来自同一 IP 的请求被分配到相同的服务器上。这些策略各有优缺点,能够根据具体的业务需求进行选择和组合,以实现最佳的负载均衡效果。

基于软件的负载均衡解决方案通常具备高度的可配置性,允许用户根据具体业务需求定制负载分配规则和策略。这种高可配置性不仅体现在策略的选择上,还体现在对负载均衡器本身的参数调整上。例如,用户可以根据实际应用场景,设定不同的负载均衡阈值、健康检查频率及故障恢复策略等。这种灵活的配置能力,使软件负载均衡技术能够在各种复杂的网络环境中游刃有余,提供稳定可靠的性能支持。

软件负载均衡技术通过集成监控和分析工具,可以实时跟踪系统性能,及时调整负载分配以应对突发流量。这些监控工具能够提供详尽的系统运行数据,包括流量统计、请求响应时间、服务器负载情况等。通过对这些数据的分析,系统管理员可以快速识别潜在的性能瓶颈,并采取相应的优化措施。这种实时监控和分析能力,不仅提高了系统的响应速度和可靠性,还为系统的长期性能优化提供了重要的数据支撑。

二、分布式系统的负载均衡策略

(一)动态流量监控与负载调度

动态流量监控技术通过实时收集和分析系统的性能指标,确保能够及时识别流量的变化。这种实时性使系统能够迅速响应流量波动,从而有效地优化资源分配。通过监控技术,系统能够获取关于 CPU 使用率、内存消耗、网络带宽等关键数据,为负载调度提供基础信息。这样,系统可以在流量激增时,快速调整资源分配策略,避免性能瓶颈,确保用户体验的稳定性。

负载调度策略依赖实时监控数据,能够自动调整请求的分配,以确保系统在高负载情况下依然保持稳定的性能表现。这种策略的核心在于其自动化和智能化,能够在毫秒级的时间内做出调整,避免人为干预的延迟和误差。通过均衡请求的分布,系统可以避免因某些节点过载而导致的性能下降,确保整体系统的高效运作。负载调度不仅是对当前负载的响应,也是对未来负载的预测和准备。

利用机器学习算法预测流量趋势是现代负载均衡策略中的一个重要环节。通过对历史流量数据的分析,机器学习模型可以识别出潜在的流量模式和趋势,从而提前进行资源配置。这种预见性能够帮助系统在突发流量高峰来临之前,做好资源的扩展准备,提升系统的响应能力。同时,机器学习算法的自学习特性,使系统能够不断优化其预测精度,提高资源配置的效率和准确性。

动态流量监控与负载调度的结合,通过设定阈值和预警机制,可以自动触发资源的扩展或收缩,进一步优化资源的利用率。这种机制确保了系统资源的按需分配,避免资源的浪费和过度配置。通过合理的阈值设定,系统能够在负载变化的初期阶段就进行调整,减少对服务质量的影响。这种自动化的资源管理方式,不仅提高了系统的经济效益,也提升了其应对复杂环境变化的能力。

(二)自适应负载均衡策略的实现

自适应负载均衡策略通过实时监控系统各节点的性能指标,动态调整请求分配,确保资源得到最优利用。通过这种方式,系统能够在多变的环境中保持高效运行,最大化利用现有资源,避免资源的浪费和不必要的性能瓶颈,进而提升整体系统的性能和可靠性。

为了进一步提升系统的响应能力,自适应负载均衡策略采用机器学习算法分析历史流量数据,预测未来流量趋势。这种预测能力使系统能够提前进行资源配置,避免突发流量带来的压力。这个过程涉及对大量历史数据的分析,识别出潜在的流量模式和趋势,进而通过预测模型对未来流量进行评估。通过这种前瞻性的资源管理,系统可以在流量高峰到来之前做好准备,确保在任何时候都能快速响应用户请求,提供稳定的服务质量。

自适应负载均衡策略还结合用户请求的特征,如请求类型和来源,实现更智能的流量分配。这种基于特征的流量分配策略能够识别不同类型请求的优先级和资源需求，从而优化用户体验。例如，对于延迟敏感型请求，系统可以优先分配更快的节点进行处理，而对于计算密集型请求，则可以选择具有更高计算能力的节点来承担任务。通过这种智能化的流量管理，系统能够在满足用户个性化需求的同时，保持高效的资源利用率。

为了应对流量波动，自适应负载均衡策略通过设定阈值与预警机制，自动触发资源扩展或收缩。这种机制确保系统在流量激增时能够迅速扩展资源，以避免性能下降，同时在流量减少时缩减资源，降低运营成本。通过预警机制，系统能够在流量即将突破设定阈值时提前采取措施，确保在任何情况下系统都能稳定运行。此类动态资源管理策略不仅提高了系统的灵活性，也提升了其抵御突发事件的能力，从而为用户提供持续、稳定的服务。

(三)多层级负载均衡架构设计

通过将负载均衡功能分层设计，多层级负载均衡架构能够在不同层级上实现请求的智能分配，从而提高系统的整体性能和可扩展性。在这种架构中，每个层级都可以根据其具体需求和特点进行定制化的负载均衡策略部署。这种设计不仅能够有效地管理大量并发请求，还能够通过分层的方式减少系统的复杂性，使系统更加灵活且易于维护。多层级负载均衡架构的应用使分布式系统能够在面对不断增长的用户需求时，保持稳定的性能和高效的资源利用率。

在多层级负载均衡架构中，前端负载均衡器承担着处理用户请求的重任。它通过预先设定的规则，将用户请求路由到最合适的后端服务，从而优化用户体验和响应时间。前端负载均衡器不仅要考虑请求的分配，还需要在高并发的情况下，确保系统的稳定性和响应速度。这一层级的负载均衡器通常会结合多种技术手段，以实现快速而可靠的请求分发。通过这样的设计，用户的请求能够被迅速而准确地分配到相应的服务节点，极大地提高了系统的响应效率。

后端服务层的负载均衡器在多层级负载均衡架构中至关重要。它根据服务的健康状况和性能指标，动态调整请求的分配，以确保资源的高效利用和系统的稳定性。后端负载均衡器需要实时监控各个服务节点的运行状态，并根据节点的负载情况、健康检查结果等信息，智能地分配请求。这种动态调整机制不仅能提高资源的利用率，还能在服务节点出现故障时，迅速将请求转移到其他健康节点，维持系统的正常运行。这种灵活的负载均衡策略使系统能够在复杂的网络环境中，保持高效和稳定的服务质量。

多层级负载均衡架构的设计特别考虑了故障隔离,通过在不同层级实施负载均衡策略,降低单点故障对整个系统的影响,提升系统的容错能力。在这种架构中,各层级的负载均衡器可以独立地进行故障检测和处理,确保即使某一层级出现问题,也不会对整个系统造成重大影响。通过这种设计,系统能够在发生故障时,迅速进行恢复和调整,保持业务的连续性和稳定性。这种高容错能力的架构设计,为分布式系统在复杂的网络环境中提供了坚实的保障,使其能够在各种挑战中,依然保持高效和可靠的运行。

(四)高可用与弹性扩展结合

在现代分布式系统中,高可用与弹性扩展的结合是确保系统稳定性与高效性的重要策略。高可用架构通过冗余设计,确保系统在单点故障时仍能提供服务。这种设计理念不仅提升了整体系统的可用性,还为用户提供了更为可靠的服务体验。冗余设计通常涉及多个数据中心或服务器节点的部署,以便在某一节点失效时,其他节点能够迅速接管其任务,保证系统的连续性和稳定性。通过这种方式,分布式系统能够有效地抵御各种潜在的故障风险,从而为用户提供持续不间断的服务。

弹性扩展机制允许系统根据实时负载自动调整资源配置,这是应对流量波动的关键能力。通过弹性扩展,系统能够在流量高峰期迅速增加计算资源,以保持稳定的性能表现;而在低谷期,则可以收缩资源,降低不必要的能耗和成本。这种资源的动态管理不仅提高了系统的资源利用率,还优化了整体性能表现。弹性扩展通常依赖自动化工具和算法,这些工具能够根据预设的策略和实时数据,自动做出资源分配的决策,从而实现快速响应和高效运行。

高可用与弹性扩展结合的策略能够实现资源的动态调度,优化系统的响应速度和处理能力。通过结合这两种策略,分布式系统不仅能够在面对突发流量时保持高效运行,还能够在故障发生时迅速恢复,从而最大限度地保障系统的服务质量。这样的结合策略需要借助先进的调度算法和智能分析工具,以实现资源的最优配置和任务的合理分配。这种智能化的资源管理方式有助于实现分布式系统的高效运作。

三、分布式系统的性能优化策略与实践

(一)优化网络传输效率与并发管理

选择合适的通信协议有助于优化网络传输效率。通过减少数据包的大小和

传输延迟，可以显著提升整体的传输速度和响应能力。在实际应用中，协议的选择应根据具体的应用场景和需求进行调整，以最大限度地提高数据传输的效率。此外，并发管理策略的优化同样不可忽视。采用连接池技术是提高系统并发处理能力的有效方法之一。通过重用现有的连接，减少连接建立的开销，不仅能提高系统的并发处理能力，还能有效提高资源利用率。在高并发环境下，合理的并发管理策略能够显著提升系统的稳定性和响应速度。

在网络传输过程中，数据压缩技术的应用可以有效减少数据量，降低带宽消耗。数据压缩不仅能够在保证数据完整性的前提下提高传输效率，还能在一定程度上降低网络传输的成本。在实施数据压缩技术时，需要综合考虑压缩算法的效率和压缩比，以确保在不同的应用场景下都能获得最佳的性能表现。引入负载均衡机制也有助于优化分布式系统性能。通过动态分配请求到不同的服务器，可以确保在高并发场景下各个节点的负载均匀分布，从而优化系统的整体性能。在负载均衡的实现过程中，需要结合系统的实际负载情况和资源分配策略，选择合适的负载均衡算法，以达到最佳的性能优化效果。

负载均衡机制的引入不仅能提高系统的响应速度，还能有效避免单点故障，提高系统的可靠性。在分布式系统中，负载均衡策略的实现通常依赖多种技术的综合应用。在实际应用中，需要根据系统的架构特点和业务需求选择合适的负载均衡策略，以实现系统资源的最优配置和利用。通过合理的负载均衡和性能优化策略，分布式系统能够在复杂的网络环境中保持高效、稳定的运行状态，为用户提供优质的服务体验。

(二)缓存策略与读写优化

1.选择合适的缓存层次

选择合适的缓存层次是实现这一目标的关键，常见的缓存层次包括本地缓存和分布式缓存。本地缓存能够在应用程序内存中保存数据，从而减少对外部数据源的访问次数，而分布式缓存则能够在多台服务器之间共享缓存内容，提高系统的整体可用性和扩展性。合理的缓存策略不仅能提升系统性能，还能有效降低网络带宽的消耗。

2.应用读写优化技术

通过引入异步读写机制，系统可以在不阻塞主线程的情况下处理数据请求，从而提高响应能力。此外,批量处理机制的采用能够将多个读写操作合并为一个请求,减少通信开销,提升系统的整体吞吐量。这些技术的结合使用,使分布式系统能够在高并发环境下保持稳定的性能表现,满足用户对快速响应的需求。

3.设计有效的缓存失效策略

缓存失效策略需要确保在数据更新时,缓存内容能够及时刷新,从而避免数据不一致问题的发生。常见的失效策略包括时间驱动的失效策略和事件驱动的失效策略。时间驱动策略通过设定缓存的生存时间来控制缓存的更新频率,而事件驱动策略则根据数据变更事件来触发缓存更新。合理的失效策略设计能够在保证数据一致性的同时,最大化缓存的有效性。

4.使用缓存监控与管理工具

缓存监控与管理工具可以实时跟踪缓存的命中率和性能指标,为系统管理员提供详细的数据分析和报告。通过这些监控工具,管理员可以迅速识别缓存策略中的瓶颈,并及时进行调整,以优化资源的使用效率。有效的缓存管理不仅能提升系统性能,还能为系统的长期稳定运行提供保障。

(三)资源动态分配与利用率提高

1.动态资源调度机制的应用

动态资源调度机制能够根据实时负载和性能指标,自动调整计算资源的分配。通过这种方式,系统在高峰期和低谷期都能保持最佳性能。这种机制不仅提高了系统的响应速度,还有效减少了资源浪费,使系统能够更加高效地运行。动态调度的核心在于它的自适应能力,能够实时响应负载变化,确保资源的合理利用。

2.资源监控与分析工具的实施

资源监控与分析工具能够实时评估资源利用情况,识别资源浪费和不足之处,从而优化资源配置策略。通过对系统资源的细致监控,管理员可以及时发现并解决性能瓶颈,提高系统整体效率。这种实时监控和数据分析能力,使分布式系统在性能优化方面具有显著优势,能够在复杂环境中保持稳定运行。

3.容器化技术的引入

容器化允许快速启动和关闭应用实例,提高了资源的灵活性和利用效率。通过容器技术，系统可以在不同的计算环境中无缝运行，减少了资源的浪费。此外，容器化还支持微服务架构的实现，使应用程序能够更加模块化和可扩展，进一步提高系统的资源利用率。

4.智能算法和机器学习技术的运用

通过分析历史使用模式和业务需求，这些技术能够预测资源需求，并提前进行资源预配置。这种前瞻性的资源管理方式不仅提高了系统的响应能力和效率，还减少了因资源不足导致的性能问题。智能技术的应用，使分布式系统能够更好地应对复杂的业务需求和环境变化，确保系统的高效稳定运行。

（四）适应性及可扩展性调优

适应性调优策略强调根据实时监控数据动态调整系统资源，以应对负载的变化。这种动态调整机制能够确保系统在高峰期和低谷期均保持最佳性能。通过对实时数据的分析，系统可以自动识别负载变化的趋势，并及时调整资源分配，避免资源的过度或不足使用。这种自适应的能力不仅提高了系统的资源利用率，也增强了系统的稳定性和可靠性。

可扩展性调优关注系统架构的灵活性，确保在添加或移除新节点时不影响现有服务的稳定性和性能。灵活的系统架构能够支持无缝的扩展，使系统可以根据业务需求的增长或缩减进行调整。在设计分布式系统时，考虑到可扩展性，可以避免在系统扩展过程中出现瓶颈或性能下降的问题。这种灵活性对于应对业务的快速变化和技术的不断更新尤为重要。

采用微服务架构设计有利于提高系统的适应性和维护性。微服务架构允许各个服务独立扩展和部署，从而提高系统的灵活性。每个服务可以根据其特定的需求进行独立的资源分配和优化，这种方法不仅满足了不断变化的业务需求，还简化了系统的维护和升级过程。微服务架构的引入，使系统能够快速响应市场变化，保持竞争优势。

第三章　云存储与分布式数据处理优化

第一节　云存储架构与性能提升策略

一、云存储架构的基本组成与设计

（一）云存储系统架构的核心组件

1.存储节点

存储节点是整个系统的基本单元,负责数据的实际存储与管理。它们通过分布在不同地理位置的数据中心,提供了高可用性和扩展性,以适应大规模数据存储的需求。存储节点的设计不仅要考虑硬件的可靠性,还需要支持多种存储协议,以便与不同类型的客户端进行交互。

2.元数据管理系统

元数据管理系统的主要功能是维护数据的结构信息。这一系统使数据检索和管理变得高效,通过索引和目录服务,用户可以快速定位和访问所需的数据。元数据管理系统通常采用分布式架构,以确保在大规模数据环境下的高性能和高可用性,支持快速的故障恢复和负载分担。

3.负载均衡器

负载均衡器负责将存储请求均匀分配到不同的存储节点,以提升系统的整体性能与响应速度。负载均衡器的策略设计需要考虑多种因素,包括节点的当前负载、网络延迟和数据的地理位置,从而优化资源利用率和用户体验。

4.数据冗余机制

数据冗余机制是云存储系统中保障数据可靠性与可用性的关键手段。通过多副本存储,系统能够在硬件故障或数据损坏时,迅速从其他副本中恢复数据。这种机制不仅防止了数据丢失,还增强了系统的弹性和稳定性,确保在任何情况下用户的数据都能得到安全存储。

5.安全控制模块

安全控制模块在云存储系统中负责身份验证与访问权限管理。它保护存储数据的安全性与隐私,通过多层次的安全策略,确保只有经过授权的用户才能访问敏感数据。安全控制模块通常集成了加密技术和安全协议,以防止数据在传输和存储过程中的泄露和篡改。这一模块的设计需要不断更新,以应对不断演进的安全威胁和合规要求。

(二) 数据存储与管理的设计原则

1.数据一致性原则

数据一致性原则的实施,确保在多副本存储中,所有副本的数据保持一致,避免数据冲突和不一致性问题。云存储系统通常采用分布式数据库技术,通过一致性协议来保证数据的一致性。这样,在一个节点发生变化时,其他节点能够迅速同步更新,维持系统的稳定性和可靠性。

2.可扩展性原则

可扩展性允许系统根据需求的变化,灵活增加存储节点和资源,以支持不断增长的数据量和用户请求。现代云存储系统通常采用无共享架构,这种架构通过水平扩展来提升存储容量和计算能力。无共享架构的优势在于,它能在不影响系统运行的情况下,动态添加新节点,从而满足业务增长的需求。这种设计不仅提高了系统的灵活性,还降低了运维复杂度。

3.高可用性原则

通过采用冗余和故障转移机制,确保系统在部分组件故障时仍然能够正常运行,提升用户体验。高可用性策略通常包括数据冗余存储和自动故障转移。数据冗余存储通过多副本存储技术,确保即使一个或多个节点失效,数据仍然可以从其他节点获取。自动故障转移机制通过实时监控和快速切换,保证用户访问不受影响。

4.性能优化原则

设计高效的数据读写算法和缓存机制,以减少访问延迟,提高数据处理速度。性能优化通常涉及对I/O操作的精简和对数据路径的优化。采用先进的缓存技术可以显著降低数据访问的延迟。此外,分布式文件系统的设计需要考虑数据分块和分布策略,以提高并发访问的性能。

5.安全性原则

实施数据加密、访问控制和审计机制,确保用户数据在存储和传输过程中的安全与隐私。数据加密技术包括静态数据加密和动态数据加密,确保数据在存储和传输过程中不被窃取或篡改。访问控制机制通过身份验证和权限管理,防止未经授权的访问。审计机制则提供了对数据访问和操作的记录,帮助识别和防范潜在的安全威胁。

二、提升云存储性能的关键策略

(一)数据压缩与解压缩技术对云存储性能的影响

通过数据压缩技术,云存储系统可以显著减少存储需求,从而有效降低运营成本。尤其是在处理海量数据时,压缩技术的优势更加突出,它能够减少存储空间占用,降低存储设备的采购和维护成本。此外,压缩数据还可以减少网络带宽的使用,从而降低数据传输的费用。这种技术不仅在经济上带来了显著的效益,也提高了资源的利用效率,为云计算环境下的数据管理提供了更为灵活的解决方案。

有效的解压缩算法能够显著提升数据的访问速度。通过优化解压缩过程,用户能够在需要时快速获取所需信息,从而显著提升整体用户体验。对于云存储服务提供商而言,快速的数据访问能力是竞争优势的重要体现。解压缩技术的优化不仅在于速度的提升,还在于如何在不影响数据完整性的前提下,实现高效的数据处理。确保数据的准确性和完整性,同时满足用户对速度的需求,是解压缩技术应用中的核心目标。

选择合适的压缩格式和策略有利于实现高效的云存储。在保证数据完整性的前提下，通过选择合适的压缩格式，可以实现更高的压缩比，进而提高存储效率和数据传输速率。不同的压缩格式适用于不同类型的数据和应用场景，合理的选择能够在压缩比和解压缩速度之间取得平衡。此外，动态调整压缩策略以适应不同的使用场景，也是提升云存储系统灵活性和适应性的有效手段。这种策略的实施需要综合考虑数据特性、用户需求和系统资源等因素。

(二)缓存机制与其在云存储中的应用

缓存机制在云存储系统中通过暂时存储频繁访问的数据，减少直接从原始存储介质访问数据的次数，从而显著降低数据访问延迟并提升系统响应速度。在云存储环境中，缓存机制能够有效地缓解存储设备的 I/O 负载，提升整体性能。通过将热点数据缓存在更快速的存储介质中，系统能够更迅速地响应用户请求，尤其是在需要频繁读写操作的场景下，其作用尤为显著。

云存储中缓存策略的设计是性能优化的核心。选择合适的缓存层级是关键决策之一，通常涉及内存缓存与磁盘缓存的合理搭配。此外，缓存替换算法的选择直接影响缓存的命中率和效率。通过精心设计缓存策略，云存储系统能够显著提高数据读写效率，尤其是在面对大规模数据访问时，优化效果更加明显。

不同类型的缓存在云存储中有多样的应用场景。内存缓存由于其高速访问特性，常用于存储频繁访问的小数据块，而分布式缓存则适用于需要跨多个节点共享数据的场景。分布式缓存能够在多个服务器之间共享缓存内容，提升系统的扩展性和容错性。不同缓存类型的合理应用，不仅能提升系统性能，还能在一定程度上降低存储成本。

(三)动态资源分配策略在云存储性能提升中的作用

动态资源分配策略能够根据实时负载情况自动调整存储资源，确保系统在高峰时段依然保持良好的性能表现。这种灵活性是云计算环境中不可或缺的，因为用户请求和数据流量往往具有不可预测性。通过动态调整资源的分配，系统可以有效地应对突发的高负载情况，避免因资源不足导致的性能瓶颈，从而提高用户体验。

动态资源分配策略借助预测分析技术，可以提前识别潜在的资源需求变化。这种前瞻性分析使资源的分配和调度更加高效，及时响应数据流量的变化，从而优化整体存储效率。预测分析技术利用历史数据和机器学习算法，能够在需求变化前做出精确的资源调整建议,避免因滞后反应导致的资源浪费或性能下降。这种方法不仅提高了资源利用率,还确保了系统的稳定性和可靠性。

在多租户环境下,动态资源分配策略支持资源隔离与公平分配,确保不同用户的存储需求得到合理满足。这对于云服务提供商而言尤为重要,因为其需要在共享的基础设施上处理多个用户的请求。通过有效的资源隔离,动态资源分配策略避免了不同用户之间的资源争用,减少了因争用造成的性能下降。公平的资源分配机制不仅提升了用户满意度,还增强了系统的安全性。

三、云存储系统的扩展性与可用性优化策略

(一)弹性扩展机制的实现与优化

弹性扩展机制的核心在于通过自动监测系统负载,实现存储资源的动态增减。这一机制确保了在用户需求波动时,系统能够迅速响应,从而维持高效的服务质量。这种动态调整能力不仅提高了系统的灵活性,还增强了用户体验,因为系统能够在高峰期快速扩展资源以满足需求,同时在低谷期收缩资源以节省成本。此外,弹性扩展机制的实现依赖先进的监控技术和智能化的资源管理策略,以确保资源的合理利用和系统的稳定运行。

采用分布式架构的弹性扩展机制能够在不同地理位置的节点之间平衡负载,这有利于提高数据访问速度和系统的整体可用性。通过分布式节点的协作,数据可以在最接近用户的位置进行存储和处理,从而减少延迟并提高响应速度。这种架构还具有良好的容错性,在某些节点发生故障时,其他节点可以迅速接管任务,确保系统的连续性和可靠性。分布式弹性扩展机制的应用,不仅优化了系统性能,还为全球用户提供了更为一致的服务体验。

实现弹性扩展机制需要有效的资源调度算法,以优化存储节点的使用效率,避免资源浪费和瓶颈问题。资源调度算法通过分析系统的当前状态和历史数据,智能地分配和调整资源,以实现最佳性能。它不仅需要考虑当前的负载和资源使用情况,还要预测未来的需求变化,以提前做好资源准备。高效的调度算法能够最大化地利用现有资源,同时减少不必要的资源闲置和过度配置,从而提高系统的整体效率和经济性。

（二）高可用性架构设计与实践

高可用性架构能够确保云存储系统在部分组件出现故障时仍能正常运行。在设计高可用性架构时，必须遵循一些关键原则。其一，冗余设计是基础，通过在系统中引入冗余组件，可以在一个组件失效时，其他组件迅速接管其工作，保证系统的稳定性。其二，故障转移机制的实施至关重要，它能够在检测到故障时，自动将工作负载转移到健康的组件上，减少服务中断的时间。其三，负载均衡技术的应用可以在多服务器间平均分配负载，防止单个服务器过载，从而提升系统的整体性能。通过这些设计原则，云存储系统可以在面对各种故障时保持高可用性。

集群技术的使用能够有效地提升云存储系统的可用性。通过多个存储节点的协同工作，集群技术不仅提高了系统的可用性，还加快了数据访问速度。每个节点都可以独立处理请求，从而避免了单点故障的风险。集群技术还允许节点间的负载分担，使系统在高负载情况下仍能高效运行。为了实现这一点，集群管理软件会监控各个节点的状态，并根据需要进行资源的动态调整。这种分布式的结构设计，使云存储系统能够在面对硬件故障或网络问题时，依然保持较高的服务质量。

为了确保系统的持续可用性，应实施定期的系统监控与健康检查。通过自动化工具，系统能够实时监控各个组件的状态，及时发现潜在问题。这些工具不仅能检测到硬件故障，还能识别出软件异常，如内存泄漏或网络延迟等问题。一旦发现问题，系统可以自动触发故障恢复流程，迅速修复或隔离故障组件，恢复正常服务。此外，健康检查还包括定期的性能测试，以确保系统在不同负载下都能维持预期的性能水平。通过这些措施，云存储系统能够在问题发生前就采取预防措施，保障其高可用性。

（三）容灾备份与恢复策略

容灾备份与恢复策略可以保障数据的安全性和系统的高可用性。制定有效的容灾备份策略需要考虑数据的重要性和系统的特性。定期备份数据是基础步骤，选择合适的备份频率和类型则是关键。备份频率决定了数据的恢复点目标，而备份类型则影响恢复时间目标。通过合理的策略，企业可以在数据丢失或系统故障时快速恢复，减少业务中断带来的损失。在制定这些策略时，需要综合考虑数据的变化频率、业务需求以及成本因素，以确保备份策略的经济性和实用性。

　　增量备份与全量备份的结合应用有利于提高备份的效率。全量备份能够完整保存数据,但其耗时长、占用存储空间大。增量备份则仅备份自上次备份以来的变化部分,虽然节省空间和时间,但恢复时需要依赖多次备份记录。通过优化备份过程,可以在减少存储空间占用和备份时间的同时,提高数据恢复的效率。合理设计两者的结合使用策略,能够在保障数据完整性的同时,提高备份与恢复的效率,满足不同业务场景的需求。

　　灾难恢复计划的实施是确保系统在遭遇重大故障后能够快速恢复的关键。明确的恢复时间目标和恢复点目标是灾难恢复计划的核心。恢复时间目标决定了系统恢复所需的时间,而恢复点目标则确定了可以接受的数据丢失量。在制订灾难恢复计划时,需要评估系统的关键性和业务需求,以设定合理的恢复时间目标和恢复点目标。通过模拟灾难场景进行演练,可以验证计划的有效性,并在实际灾难发生时,按照预定标准快速恢复服务,最大限度地降低损失。

四、面向高效性能的云存储监控与管理机制

(一)实时性能监控与动态调整机制

　　实时性能监控系统的架构设计需要具备高效的数据收集和处理能力,以便及时获取存储节点的性能数据。这个过程涉及对存储节点的全面监控,涵盖数据流的分析和性能瓶颈的识别。系统应能在毫秒级别内完成数据的采集与处理,确保任何性能波动都能被迅速捕捉。通过先进的监控技术,存储系统能够实现对数据流的全面监控,及时识别性能瓶颈,进而为动态调整提供依据。

　　动态调整机制的实现基于实时数据分析的资源分配与调度策略。通过对实时监控数据的智能分析,系统可以动态地调整资源的分配,以适应当前的工作负载。这种机制不仅能提高资源利用率,还能有效降低存储延迟和提高吞吐量。在实现动态调整时,需要采用成熟的算法和策略,确保在不同的使用场景下,资源能够被合理地分配和调度。通过实时数据分析,系统能够预测未来的资源需求,从而提前进行资源配置,避免性能下降。

(二)日志分析与故障诊断技术

1.日志数据的结构与格式分析

　　通过精心设计的日志格式,能够确保有效解析和提取关键信息。这种结构化

的日志数据不仅支持后续的故障诊断和性能分析，还为系统的稳定运行提供了数据保障。通过对日志的详细分析，可以迅速识别出系统中的异常行为，进而采取合适的措施进行修正，以保障系统的高效运行。

2.基于日志数据的异常检测算法

利用先进的机器学习和统计方法，这些算法能够识别潜在的故障模式和性能瓶颈。通过自动化的异常检测，系统可以在问题发生的早期阶段进行干预，减少对用户的影响。机器学习算法能够在海量日志数据中发现隐含的异常模式，帮助系统管理员提前识别可能的故障，从而提升云存储系统的可靠性和稳定性。

3.日志聚合与存储策略的设计

面对大量的日志数据，如何高效管理和快速检索成为一大挑战。通过合理的日志聚合策略，可以减少存储空间的占用，同时提高日志数据的检索效率。这一策略支持快速的故障定位和根本原因分析，能够帮助运维人员在最短时间内解决问题。

4.故障诊断流程的标准化

包括日志收集、分析、报告和反馈机制在内的完整流程，确保了故障诊断的系统性和高效性。标准化的流程不仅提高了响应速度，还减少了人为错误的可能性。通过建立明确的工作流程，运维团队可以更快速地应对突发事件，保障云存储系统的稳定运行。

第二节 分布式数据处理的优化技术与实践

一、分布式数据处理的基本流程

(一)数据分片与任务划分

数据分片是指将大型数据集划分为更小的片段，以便在多个节点上并行处理。这种方法不仅能提高数据存储和访问的效率，还能显著减少数据传输的延迟。在分布式系统中，数据分片的策略必须考虑数据的特性，如数据的大小、格式和访问频率,以优化资源的使用和系统的整体性能。通过精细的分片策略,分布式系统能够更有效地管理数据,提升处理速度和响应能力。

任务划分是分布式数据处理的关键环节。根据数据特性与处理需求,将复杂任务拆分为多个可并行处理的子任务,能够有效提升处理速度。任务划分需要综合考虑任务的依赖关系、计算复杂度及资源约束,以确保各个子任务能够在不同节点上高效执行。通过合理的任务划分策略,分布式系统可以实现负载均衡,避免资源的浪费和瓶颈的产生,从而提高整体的处理效率。

数据分片与任务划分的协同优化是实现高效分布式数据处理的关键。通过合理的分片策略与任务调度,可以最大化资源利用率,减少处理时间。协同优化需要结合数据分片与任务划分的优点,充分利用系统的计算、存储和网络资源。在实际应用中,协同优化策略需要动态调整,以适应数据特性和处理需求的变化,从而实现最佳的性能表现。

(二)数据传输与节点通信

在分布式数据处理系统中,数据传输协议的选择与优化对于系统性能至关重要。在分布式环境中,协议的选择不仅需要考虑传输的高效性和可靠性,还需关注如何降低延迟和带宽消耗。常用的传输协议如传输控制协议(Transmission Control Protocol,TCP)和用户数据协议(Vser Datagram Protocol,UDP)各有优劣,TCP确保可靠性但可能增加延迟,而UDP则在实时性上表现更佳。因此,在特定应用场景下,可能需要对协议进行定制化的优化,以平衡可靠性与传输效率。

节点间的通信机制设计是分布式数据处理中的重要课题。根据不同的数据处理需求,系统可能需要支持多种通信模式,包括点对点通信和广播模式。点对点通信适用于需要精确数据交换的场景,而广播模式则适用于分发同一数据到多个节点的情况。为了提高通信效率和可靠性,在设计时必须考虑网络拓扑结构、节点间的物理距离及其动态变化。此外,采用智能路由算法和缓存策略,可以有效提升节点间通信的性能。

(三)分布式计算任务调度

分布式计算任务调度的基本原则包括公平性、效率和可扩展性,以确保不同任务能够合理分配资源并有效执行。公平性意味着系统需要在多个任务间合理分配资源,避免资源争夺导致的任务延迟。效率要求调度策略能够最大化系统的吞吐量和资源利用率。可扩展性是指调度机制能够适应任务数量和规模的增长,不会成为系统扩展的瓶颈。这些原则共同作用,确保分布式系统在处理大量并发任务时,能够保持稳定高效的运行状态。

调度算法是实现分布式计算任务调度的核心技术,通常分为静态调度和动态调度两大类。静态调度在任务开始前就确定任务的执行顺序和资源分配,适用于任务特性明确且变化不大的场景,其优势在于调度开销低,但缺乏灵活性。动态调度则根据系统状态实时调整任务分配,适用于任务特性不确定且变化频繁的场景,具有较强的灵活性和适应性,但调度开销相对较高。两者在应用中各有优缺点,需要根据具体的应用场景选择合适的调度策略,以实现系统性能的最优化。

在分布式计算中,任务优先级调度策略通过设定不同任务的优先级来优化资源分配,提高关键任务的执行效率。这种策略在资源有限的情况下尤为重要,可以确保高优先级任务得到及时处理,降低由于资源竞争导致的关键任务延迟风险。优先级调度通常结合任务的重要性和紧急程度进行设定,合理的优先级设定能够有效提升系统的整体性能和响应速度,特别是在处理时间敏感型任务时,优先级调度策略的应用显得尤为关键。

(四)计算结果的合并与存储

在分布式数据处理系统中,计算结果的合并与存储是确保数据处理任务成功的关键步骤。合并过程必须遵循数据一致性、完整性和准确性等基本原则。数据一致性确保合并后的数据在不同节点之间保持同步,完整性则要求数据在合并过程中不丢失或被篡改,准确性则是指合并后的数据能够真实地反映各个计算任务的结果。这些原则是分布式数据处理系统稳定运行的基石,直接影响数据分析的质量和决策的准确性。

合并算法的选择与优化是提高大规模数据处理效率的重要环节。不同类型的合并算法具有各自的优势和适用场景。选择合适的合并算法不仅能提高数据处理效率,还能显著降低资源消耗、缩短处理时间。优化这些算法需要深入理解数据特征和计算需求,以便在实际应用中发挥最佳性能。

合并结果的版本控制与审计机制是确保数据可追溯性与安全性的关键措施。通过版本控制,能够记录每次合并的变更历史,使在出现问题时可以追溯到特定的版本进行分析和恢复。审计机制则提供了对数据访问和修改的详细记录,帮助发现潜在的安全隐患和不当操作。这些措施不仅提高了数据管理的透明度和安全性，还为合规性审查奠定了坚实的基础，有助于维护企业数据资产的完整性和安全。

二、分布式数据处理中的并行化技术

(一)分布式数据处理的并行算法设计

在设计并行算法时，数据分割是首要考虑的因素。应通过合理的分割策略，将数据划分为多个小块，以便在不同计算节点上并行处理。任务划分则要确保每个计算节点的负载均衡，通过细致的任务划分策略，避免计算资源的浪费。资源分配的合理性直接影响并行处理的效率，需要根据计算任务的特性和节点的能力进行动态调整，以实现最佳的资源利用率。

基于流处理的并行算法设计在实时数据处理场景中尤为重要。随着物联网和传感器网络的普及，实时数据流的处理需求日益增长。通过并行化技术，流处理算法能够在数据到达时立即进行处理，从而降低延迟，提高响应速度。在流处理环境中，数据的动态性和不确定性要求算法具备快速适应变化的能力。并行化技术通过将数据流分散到多个处理单元，确保了实时性和高效性，使系统能够在瞬息万变的数据环境中保持稳定的性能。

利用图计算模型进行并行算法设计，为大规模图数据分析提供了新的思路。在社交网络分析、路径优化等领域，图数据的复杂性和规模性对计算能力提出了巨大挑战。通过并行化技术，图计算模型能够将复杂的图计算任务分解为多个子任务，并在多个节点上同时执行，从而加速计算过程。并行化设计不仅提升了处理能力，还使对大规模图数据的分析变得更加高效和可行。这种方法为解决复杂图计算问题提供了强有力的支持，推动了相关领域的研究与发展。

(二)并行执行环境下的任务调度机制

在分布式数据处理系统中，任务调度机制不仅需要有效分配计算资源，还需要应对资源的动态变化。在设计任务调度机制时，必须考虑计算资源的波动性，以便在资源增加或减少时能够灵活调整任务的分配。这种灵活性是提高系统适应性的关键，使系统能够在不稳定的资源环境中仍然保持高效运行。

任务调度机制的设计应贯彻公平性原则。通过合理的调度算法，确保所有任务在资源分配时都能得到平等对待。这种公平性可以防止某些任务因资源不足而被延迟执行，从而避免系统性能的下降。公平的资源分配不仅能提高系统的整体效率，还能增强用户对系统的信任感，确保系统在多用户环境下的稳定运行。

采用优先级调度策略能够有效提高系统效率。根据任务的重要性和紧急程度进行资源分配，可以确保关键任务优先获得所需的计算资源。这种策略不仅能够提高关键任务的执行效率，还能优化整个系统的资源利用率。优先级调度策略需要精细的设计和调优，以便在多任务环境中合理平衡资源分配，避免资源浪费。

调度机制应具备故障恢复功能，以应对节点失效等突发情况。在分布式环境中，节点失效是不可避免的，因此调度机制必须能够自动重新分配任务，确保计算过程的连续性和系统的高可用性。通过支持故障恢复功能，系统可以在节点失效后迅速恢复正常运行，减少对用户的影响，并提高系统的可靠性和可用性。

(三)负载均衡在并行计算中的应用

通过合理分配计算任务，负载均衡技术能够确保各计算节点的负载保持均匀，从而避免某一节点因过载而导致性能瓶颈。在分布式系统中，各节点的性能和可用资源往往存在差异，负载均衡可以通过对这些差异的动态调整，实现资源的最优配置。具体而言，负载均衡技术通过监测各节点的负载情况，动态调整任务分配策略，以确保计算任务在各节点之间合理分布。这种技术不仅提高了计算效率，还有效减少了因节点过载导致的响应时间延迟，显著提升了系统的整体性能。

在现代分布式计算环境中，负载均衡技术通过动态监测计算资源的使用情况，能够实时调整任务分配策略，以适应资源的变化，提高系统的整体效率。传统的静态负载均衡方法在面对动态变化的计算环境时，往往难以满足高效利用资源的需求。通过引入动态负载均衡机制，系统可以根据实时的负载和资源使用情况，调整任务分配策略，从而更好地适应复杂的计算环境。这一技术的应用不仅能提高资源的利用率，还能显著提升系统的响应速度和处理能力，使分布式系统在处理大规模数据时表现出更高的效率和稳定性。

负载均衡算法的选择对并行计算的性能有直接影响，不同的算法(如轮询、最少连接等)适用于不同的计算场景，合理选择算法能够优化资源利用率。轮询算法简单易用，适用于负载相对均匀的场景，而最少连接算法则更适合负载不均的环境，因为它可以根据当前连接数动态分配任务。此外，结合机器学习的智能负载均衡算法也逐渐应用于复杂的分布式系统中,以实现更高效的资源分配和任务调度。这些算法的优化和选择,直接关系到系统的吞吐量和响应时间,是提升并行计算性能的重要手段。

三、提高数据处理效率的方法

(一)数据预处理与优化策略

有效的数据预处理不仅能够提高数据质量,还能显著提高处理效率。在分布式环境中,数据预处理涉及多个关键步骤和技术。其核心目标是通过清洗和优化数据,减少数据冗余和噪声,确保后续分析的准确性和有效性。通过合理的数据预处理策略,可以大幅度提升数据处理的速度和精度,为复杂的数据分析任务奠定坚实的基础。

在分布式数据处理中,数据预处理能够提高数据质量,确保数据的一致性和可靠性。高质量的数据是任何数据分析和处理工作的基础,直接影响分析结果的准确性和可行性。数据预处理能够提高处理效率。在分布式系统中,数据量通常巨大且分布广泛,通过预处理减少数据量和复杂度,可以显著加快数据处理速度,节省计算资源,提高整体系统性能。

数据清洗技术的应用是数据预处理中的重要环节。处理缺失值、检测异常值及进行数据标准化是确保数据一致性和可靠性的关键步骤。缺失值处理可以采用插补法、删除法等不同策略,根据具体应用场景选择合适的方法。异常值检测则通过统计方法或机器学习技术识别数据中的异常点,从而避免对分析结果产生不利影响。数据标准化通过统一数据格式和尺度,确保不同来源的数据能够在同一分析框架下进行处理。

在分布式数据处理中,数据集成策略十分重要。通过整合来自不同源的数据,消除数据孤岛现象,可以提升整体数据的可用性和分析价值。数据集成不仅需要面对技术层面的挑战,还需要解决数据语义上的差异。这个过程通常需要借助 ETL(抽取、转换、加载)工具和技术,实现数据的无缝整合和共享,确保数据在分布式环境中的一致性和完整性。

在数据预处理中应用特征选择与降维技术,能够有效提高效率。通过识别和选择对模型最有影响力的特征,可以减少数据维度,减轻计算负担,从而提高处理速度。特征选择可以通过统计方法、信息论方法或基于模型的方法进行，而降维技术则包括主成分分析、线性判别分析等。这些技术在大数据环境中尤为重要，因为它们能够在保证数据分析质量的前提下，显著减少计算资源的消耗。

(二)任务分解与线程优化技术

任务分解的基本原则在于将复杂的计算任务拆分为多个小的、可并行处理的子任务。这种方法不仅能够提高计算效率，还能够优化资源利用率。在进行任务分解时，需要充分考虑任务的独立性和可并行性，确保每个子任务都能独立执行，从而最大化并行处理的优势。通过合理的任务分解，系统可以更好地分配资源，减少不必要的计算浪费，提高整体处理效率。

线程优化技术是一种提高数据处理效率的关键手段。通过使用线程池技术，可以有效管理和复用线程资源，减少线程创建和销毁带来的额外开销。线程池通过预先创建一组线程并将其保持在池中，等待任务的到来，从而避免了频繁的线程创建和销毁过程。这不仅提高了系统的响应速度，还在一定程度上节省了系统资源。此外，线程池还可以通过调节线程的数量和任务队列的长度，灵活应对不同的负载情况，确保系统在高负载情况下依然能够高效稳定地运行。

在任务分解过程中，任务依赖关系管理是不可或缺的一部分。合理安排任务的执行顺序，确保任务之间的依赖关系不会导致性能瓶颈，是实现高效数据处理的关键。通过构建任务依赖图，系统可以清晰地识别任务之间的先后顺序，避免因依赖关系不当而导致的资源竞争和性能下降。任务依赖关系管理不仅能提高任务的执行效率，还能有效减少死锁等问题的发生，确保系统在并行处理时的稳定性和可靠性。

(三)高效资源利用与动态适配方法

云计算的灵活性和可扩展性使其能够根据需求动态调整资源分配。然而，如何在不浪费资源的情况下高效利用这些资源，仍是需要深入研究的课题。通过实施动态资源调度技术，系统可以实时监测负载和资源使用情况，并自动调整资源分配。这种方法不仅能提高资源利用效率，还能迅速响应需求变化，确保系统的稳定性和高效性。动态资源调度技术的核心在于能够在资源紧张时迅速调整，以避免过载或资源闲置，从而实现资源的最佳配置。

　　基于容器技术的资源管理为云计算环境中的资源优化提供了新的途径。容器化技术使应用能够在不同环境中快速部署和运行,极大地提高了资源的利用率。在高峰期,通过容器的快速扩展与收缩,资源可以动态分配到最需要的地方。容器技术的优势在于其轻量级和高效性,能够在短时间内实现资源的动态适配,进而优化资源使用率。这种方法不仅提升了系统的响应速度,还降低了资源管理的复杂性,使云计算的资源管理更加灵活和高效。

　　智能负载预测模型是提高资源利用效率的重要工具。通过运用机器学习算法分析历史使用数据,可以预测未来的资源需求。这种预测能力使系统能够提前调整资源配置,避免资源的浪费或短缺。智能负载预测模型的应用不仅提高了资源的利用效率,还增强了系统的稳定性和可靠性。通过对历史数据的分析,系统能够识别出使用模式和趋势,从而更准确地预测未来的需求,确保资源在最需要的时候得到合理的分配。

　　资源共享机制的设计在云计算中具有重要意义。通过允许多个用户或应用程序共享同一资源池,资源可以得到更为合理和高效的利用。合理的资源分配策略是资源共享机制的关键,能够在不影响用户体验的前提下,提高整体资源利用效率。这种方法不仅降低了资源的浪费,还为更多用户提供了使用资源的机会,从而提升了系统的整体效能。资源共享机制的设计需要考虑用户的需求和资源的可用性,以实现资源的最佳配置。

　　自适应资源优化策略是实现性能和成本平衡的有效手段。通过实时性能监控数据,系统能够动态调整计算和存储资源的分配。这种策略不仅提高了系统的性能,还降低了运营成本。自适应资源优化策略的优势在于其灵活性和高效性,能够根据实时数据做出最优的资源配置决策。通过不断调整资源分配,系统能够在不同的工作负载下保持最佳的性能表现,同时实现成本的有效控制。这种策略在云计算环境中尤为重要,因为它能够在资源有限的情况下,最大化地发挥系统的潜力。

四、数据处理延迟的优化策略

(一)减少数据传输的延迟优化

1.利用数据压缩技术

通过在数据传输前对数据进行压缩,可以显著减少传输的数据量。这不仅降低了传输延迟，还提高了整体传输效率。数据压缩技术的应用需要考虑压缩算法的选择，以确保在压缩和解压缩过程中不引入额外的计算开销，从而真正实现延迟的优化。

2.实施数据预取技术

数据预取策略的核心思想是预测用户可能需要的数据，并提前将其加载到缓存中。这样，当用户发出实时请求时，系统可以直接从缓存中提取数据，而无须进行长时间的数据传输。这种策略的成功实施依赖准确的用户行为预测模型和高效的缓存管理机制，以确保缓存中的数据能够满足用户的实际需求，真正实现减少延迟的目标。

3.优化网络协议

在分布式系统中，选择适合的传输协议能够有效提高数据传输速度和可靠性。现代网络协议提供了更好的性能，通过减少握手过程和支持多路复用等技术，能够显著降低延迟。这些协议的优化设计使数据可以更快速地传输，同时提高了传输的可靠性，从而增强了系统的整体性能。

4.应用边缘计算

通过将数据处理任务移至离数据源更近的边缘节点，可以有效缩短数据传输的距离，从而降低延迟。边缘计算的优势在于其能够在靠近数据源的位置进行数据处理和分析，减少了数据在网络中的传输时间。这种分布式的计算方式不仅能够提高数据处理的效率，还能够在一定程度上缓解中心服务器的负载压力，优化系统的整体性能。

(二)低延迟算法的设计与应用

在设计低延迟算法时，应特别关注数据处理的实时性。通过采用异步处理机制，可以显著减少任务的等待时间，从而提升系统的响应速度。异步处理机制允许系统在不阻塞后续任务的前提下，进行当前任务的处理，这种机制在处理高并发请求时尤为有效。此外，异步处理还能有效降低系统的瓶颈效应，使数据处理更为流畅，确保用户体验的提升。

实现低延迟的一个关键技术是流处理技术。流处理技术通过将数据处理任务分散到多个节点并行执行,能够显著加快数据处理的整体速度。与传统的批处理模式相比,流处理模式可以实时处理数据流,减少数据从生成到处理完成的时间间隔。这种模式非常适合处理需要即时反馈的数据类型,如金融交易、传感器数据等。通过合理配置节点和优化任务分配策略,流处理技术能够在系统负载增加时,依然保持高效的数据处理能力。

低延迟算法的实现可以通过优化数据结构和存储方式来实现。优化的数据结构可以有效减少数据访问的时间复杂度,从而提高数据读取和写入的效率。选择合适的数据结构,如哈希表、树形结构等,可以在不同的应用场景下提供更快的数据访问路径。同时,优化存储方式,如使用内存数据库或分布式缓存系统,可以大幅度减少数据访问的延迟。这种优化对于需要频繁访问大规模数据的应用尤为重要。

(三)减少节点间通信开销

1.采用数据聚合技术

在数据传输之前,对数据进行初步处理和汇总,能够显著降低需要传输的数据量。这种方法通过在数据源处进行数据的初步处理,减少了冗余信息的传递,从而降低了通信开销。这种技术不仅能提高数据处理的效率,还能在一定程度上减轻网络负载,提升系统的整体性能。

2.引入消息队列机制

通过异步方式处理节点间的通信,可以有效减轻实时数据传输的压力。消息队列允许数据在后台进行传递,节点无须等待数据的即时响应,这种机制提高了系统的响应速度和稳定性。在高并发的环境下,消息队列可以有效缓解系统的压力,确保数据处理的连续性和高效性。此外,消息队列的使用还可以提高系统的容错能力,增强数据传输的可靠性。

3.应用数据压缩算法

在数据传输前对数据进行压缩处理,可以显著减少数据的体积,从而降低带宽消耗和延迟。这种方法尤其适用于大规模数据传输的场景,通过减少传输的数据量,能够有效提高传输效率。数据压缩算法的应用也需要考虑压缩和解压缩过程中的计算开销，以确保整体优化效果的最大化。

4.优化网络拓扑结构

通过合理布局节点和选择最优路径，可以有效减少数据在网络中的跳数。合理的网络拓扑设计能够最大限度地利用现有网络资源，减少数据传输路径上的瓶颈，从而降低通信延迟。网络拓扑优化不仅需要考虑物理网络结构，还需要结合数据流量的实际需求，以达到最佳的通信效果。这种策略在大规模分布式系统中尤为重要，可以显著提高整个系统的性能和效率。

（四）优化资源分配以降低处理延迟

1.动态资源分配算法的实施

通过实时监控系统的负载情况，自动调整资源分配策略，可以确保在高负载情况下实现低延迟处理。这种动态调整机制不仅能提高系统的响应速度，还能有效减少资源浪费，提高整体处理效率。实时监控和自动调整的结合，使系统能够快速适应负载变化，为用户提供稳定而高效的服务。

2.基于优先级的资源调度策略应用

在分布式系统中，任务的紧急程度和重要性各不相同，通过设定优先级，可以合理分配资源，确保关键任务得到优先处理。这种策略不仅能提升关键任务的处理速度，还能有效管理资源的使用，避免资源的闲置和浪费。优先级调度策略的实施，能够在提高系统处理能力的同时，确保高优先级任务的及时完成，增强系统的整体性能。

3.容器化技术的应用

分布式数据处理系统面临的负载需求变化多端，利用容器化技术，可以灵活地调整资源配置，以适应不同的负载需求。在高峰期，系统能够快速扩展资源以应对增加的负载，而在负载减小时，又能迅速收缩资源，在降低成本的同时保持低延迟性能。这种灵活的资源管理方式，确保了系统在各种负载条件下都能高效运作。

4.集成智能预测模型的应用

通过分析历史数据,智能预测模型能够预测未来的资源需求变化,从而提前调整资源配置。这种前瞻性的资源管理策略,能够有效减少处理延迟,提高系统的响应速度。智能预测不仅能提高资源利用效率,还能在负载激增前做好准备,避免系统性能下降。通过这种方式,分布式数据处理系统能够更好地满足用户的需求,提供更加优质的服务。

第四章 分布式环境中的数据流动与管理

第一节 分布式环境中数据流动的基本概念与原理

一、数据流动的定义与特点

（一）数据流动的基本定义

数据流动在分布式环境中是指数据从一个节点传输到另一个节点的过程。它是现代信息系统的核心，通过有效的数据流动，系统可以实现信息的共享与资源的优化配置。

数据流动的组成部分包括数据源、数据传输通道和数据接收端。数据源是数据流动的起点，可以是传感器、数据库或用户输入等；数据传输通道负责数据的传递，可能涉及网络协议、传输速度和安全性等因素；数据接收端是数据流动的终点，负责数据的存储和处理。每一部分在数据流动中都发挥重要作用，确保数据的准确传递和有效利用。

（二）数据流动的主要特征

1. 实时性

在现代分布式系统中，数据流动的实时性意味着数据能够以极快的速度在不同节点之间传输，这确保了信息的及时性和准确性。尤其是在金融交易和物联网等需要快速响应的领域，实时数据流动是系统稳定运行的基础。为了实现这一点，系统必须采用高效的传输协议和优化的网络架构，提高数据传输速度。

2. 动态性

分布式系统的环境往往是复杂且变化多端的，动态性使系统能够根据当前的网络状况和具体的应用需求进行调整和优化。这种灵活性不仅能提高系统的适应能力,还能在资源有限的情况下优化性能。例如,在网络拥堵时,数据流动可以选择不同的路径或调整传输速率,以保证数据的有效传输。

3.多样性

多样性体现在支持多种数据格式和传输协议上,这使系统能够满足不同应用场景下的需求。无论是结构化数据、半结构化数据,还是非结构化数据,分布式系统都能通过灵活的架构进行处理和传输。此外,不同的传输协议的支持,增强了系统的兼容性和适用性,能够为不同的应用提供定制化的解决方案。

4.可扩展性

随着系统规模的扩大,数据流动必须能够有效地适应更多节点的加入,同时保持性能的稳定。可扩展性确保了系统在扩展过程中不会因为节点增多而导致性能下降。通过分布式缓存、负载均衡等技术,系统能够在扩展的同时保持数据流动的高效性和稳定性,满足日益增长的业务需求。

5.安全性

在数据传输过程中,必须考虑数据的保密性和完整性,以确保数据不被未授权访问或篡改。采用加密技术和安全协议是实现数据流动安全性的基本措施。此外,访问控制和身份验证机制也为数据流动的安全性提供了额外的保障,确保数据在分布式环境中的传输过程是安全可靠的。

二、数据流动的基本原理

(一)数据一致性的维护

在分布式系统中,数据一致性的维护是确保系统可靠性和用户体验的关键。数据一致性指的是在分布式环境中,所有节点对同一数据对象的视图保持一致的状态。这种一致性不仅影响系统的稳定性,还直接关系用户能否在不同节点上获得相同的操作结果。数据一致性是系统正常运作的基础,尤其是在处理金融交易、库存管理等需要高精确度的应用场景中,数据一致性的问题尤为突出。

强一致性和最终一致性是两种主要的数据一致性模型。强一致性要求所有节点在任何时刻都能读取到最新的数据，这种模型适用于需要高实时性和高精确度的应用场景，如银行系统和证券交易。然而，强一致性通常会带来较高的系统开销和复杂性。相比之下，最终一致性允许数据在短时间内不一致，但最终会达到一致状态，这种模型更适合于对实时性要求不高的应用，如社交媒体和内容分发网络。选择合适的一致性模型需要综合考虑应用的具体需求和系统的性能要求。

数据同步机制在维护数据一致性中扮演重要角色。通过使用数据复制和同步技术，可以确保多个节点间的数据及时更新。主从复制和多主复制是常用的数据同步技术。在主从复制中，主节点负责更新数据，并将更新推送到从节点，从而保持一致性。多主复制允许多个节点同时更新数据，适用于需要高可用性和高容错性的场景。数据同步机制的设计需要权衡系统的性能和一致性要求，以确保数据在分布式环境中能够高效且准确地流动。

(二)分布式数据存储技术

分布式数据存储技术通过将数据分散存储在多个节点上，提高了数据的可用性和访问速度。分布式数据存储系统通常采用分片和副本策略，通过对数据进行分片，将其分散存储在不同的物理或虚拟节点上，减少单点故障的风险。同时，副本策略通过在多个节点上存储数据的副本，进一步提高了数据的可用性。当一个节点发生故障时，系统能够迅速切换到其他节点上的数据副本，确保数据的持续可用性。这种架构设计不仅增强了系统的容错能力，也显著提高了数据访问的效率。

在分布式数据存储中，选择合适的数据一致性模型是系统设计中的关键环节。不同应用对数据一致性的需求各异，因此在设计分布式系统时，需要在强一致性和最终一致性之间进行权衡。强一致性要求所有数据更新在所有节点上立即可见，适用于对数据一致性要求极高的场景。然而，这种模型可能会导致系统的响应速度下降。相对而言，最终一致性允许数据在一定时间内不同步，但能显著提高系统的可用性和性能，适用于对实时性要求不高的应用。

分布式数据存储系统的高可用性与容错机制是确保系统可靠性的核心。通过冗余存储和故障检测机制，系统能够在节点故障时保持数据的可用性。冗余存储通过在多个节点上存储数据副本，确保即使某个节点失效，数据仍然可以从其他节点获取。故障检测机制则通过定期检测节点的运行状态，及时发现并处理故障节点，避免系统整体性能受到影响。这样的设计不仅提高了系统的可靠性，还使系统在面对突发故障时具备更强的恢复能力。

(三)数据流动的安全管理

在分布式环境中,数据流动的安全管理是确保数据在传输过程中不被未授权访问或篡改的关键措施。

1.加密技术应用

在数据传输过程中,通常使用对称加密和非对称加密技术以保证数据的机密性。对称加密技术通过使用相同的密钥进行加密和解密,适用于数据传输速度要求较高的场景。非对称加密技术则通过公钥和私钥的配合使用,提供更高的安全性,常用于需要高安全性的数据交换场景。通过这些加密技术,能够有效保障数据的机密性和完整性。

2.身份认证与访问控制机制

为了确保只有经过验证的用户和系统能够访问和操作数据,分布式环境中通常采用多因素认证和角色权限管理等手段。多因素认证通过结合密码、指纹识别、短信验证码等多种验证方式,提高了身份认证的安全性。角色权限管理则通过对用户的角色进行细分,限制不同角色的访问权限,从而有效降低数据泄露的风险。

3.数据完整性校验

常用的数据完整性校验技术包括哈希算法和数字签名。哈希算法通过生成固定长度的哈希值,对数据进行快速校验,能够有效检测数据在传输过程中的变化。数字签名则通过加密的哈希值和发送者的私钥,验证数据的完整性和发送者的身份。在分布式环境中,这些技术的应用确保了数据在传输过程中保持原始状态,保护数据的可靠性。

4.安全审计与监控

在分布式环境中,建立健全的数据流动监控系统,能够实时记录和分析数据传输过程中的安全事件。通过安全审计,系统能够及时发现异常活动,并采取相应的响应措施,防止潜在的安全威胁对数据造成损害。这种实时监控与审计机制不仅能提高系统的安全性，还能为后续的安全策略优化提供重要的数据支持。通过这样的安全管理措施，分布式环境中的数据流动得以在高效和安全之间取得平衡。

三、数据流动的影响因素

(一)网络拓扑与数据流动

网络拓扑在分布式环境中直接影响着数据流动的效率和延迟。不同的网络拓扑结构，如星型、环型和网状结构，在数据传输中展现出各自的性能特点。星型拓扑由于其中心节点的存在，能够集中管理数据流动，但也容易成为瓶颈；环型拓扑通过环路连接各节点，提供了一定的冗余性，但在节点故障时可能导致数据传输中断；网状拓扑拥有多路径的优势，能够在节点故障时提供替代路径，从而提高了系统的可靠性和可用性。网络拓扑的选择必须根据具体应用场景和业务需求进行权衡，以确保数据流动的高效性和稳定性。

网络拓扑的动态变化是分布式系统中需要面对的挑战之一。由于节点故障或网络拥塞，数据流动路径可能需要进行动态调整。灵活的拓扑设计能够帮助系统在这些情况下重新配置数据流动，确保数据传输的连续性和稳定性。这种动态调整不仅需要系统具备快速响应的能力，还需要在设计阶段考虑拓扑结构的可扩展性和灵活性，以便在变化的网络环境中保持高效的数据流动。

拓扑结构的冗余设计是提高数据流动可靠性的重要手段。在分布式环境中，某些节点的失效可能导致数据流动中断，而冗余设计可以确保数据通过其他路径继续传输，从而提高系统的容错能力。这种设计思路在关键任务系统中尤为重要，因为它能够在不影响整体性能的情况下，提供更高的可靠性和可用性。通过合理的冗余设计，系统可以在面对各种不确定因素时，保持数据流动的稳定性。

网络拓扑的选择与应用场景密切相关，不同的业务需求会影响拓扑的设计及其对数据流动的支持程度。例如，实时性要求高的应用可能需要选择低延迟的拓扑结构，数据量大的应用则可能需要高带宽的支持。此外，系统的可扩展性也是影响拓扑选择的重要因素之一。在设计网络拓扑时，必须综合考虑这些因素，以便在特定应用场景中实现最佳的数据流动性能。通过合理的拓扑设计,分布式系统可以更好地适应不断变化的业务需求,提高数据流动的效率和可靠性。

(二)节点间通信的动态性

在分布式系统中,节点间通信的动态性是影响数据流动效率和系统性能的关键因素之一。分布式系统的节点通常是地理上分散的计算单元,它们需要通过网络进行通信以实现数据共享和任务协作。由于网络环境的复杂性和不确定性,节点间的通信具有高度的动态性。这种动态性要求系统能够灵活地适应网络条件的变化,以维持高效的数据流动和系统性能。节点间通信的动态性不仅影响数据传输的速度和可靠性,还对系统的整体响应能力和资源利用效率产生重要影响。

动态路由选择是提高节点间通信效率的重要策略。在分布式系统中,网络状况和节点负载常常处于变化之中,固定的通信路径可能导致瓶颈和资源浪费。动态路由选择允许系统根据实时的网络状况和负载信息调整通信路径,从而优化数据传输效率。通过动态路由选择,系统可以有效地规避网络拥堵和节点过载,提升数据传输的可靠性和速度。这种灵活的路由机制不仅提高了系统的资源利用率,还增强了对故障和异常情况的适应能力。

节点状态监控是确保分布式系统稳定运行的基础。通过实时监控各节点的状态和性能指标,系统可以快速响应节点故障或性能下降,确保数据流的连续性。节点状态监控不仅包括硬件健康状态的监测,还包括网络连接状况和资源利用率的分析。通过综合分析这些信息,系统能够提前预测潜在的故障风险,并采取预防措施。这种实时监控机制是提升系统可靠性和数据传输连续性的有效手段,为分布式系统的稳定运行提供了有力保障。

(三)负载均衡策略对数据流动的影响

在分布式环境中,负载均衡策略通过智能调度请求,优化节点间的数据流动,减少单个节点的压力,从而提升系统整体性能。负载均衡策略能够有效地分配请求到多个服务器或节点,以避免某个节点过载导致的性能瓶颈。这种策略不仅能提升系统的整体响应速度,还能够通过均匀分配负载来延长硬件的使用寿命,减少维护成本。

通过实时监测各个节点的负载情况,动态负载均衡能够自动调整数据流向,以提高数据传输的效率与稳定性。这种实时调整的能力允许系统在面对突发流量或负载变化时,迅速响应并重新分配资源,从而避免系统过载或崩溃。动态负载均衡的实现依赖对当前网络条件的精准感知和快速反应能力,这在现代分布式系统中尤为重要。

合理的负载均衡策略可以显著降低网络延迟,确保数据流动的实时性,这对于实时应用的需求尤为重要。在许多应用场景中,如金融交易系统或在线游戏,数据传输的实时性直接影响用户体验和系统的可靠性。因此,负载均衡策略不仅要考虑当前的负载状况,还要预估未来的流量变化,以提前做出调整,确保系统能够持续满足实时数据传输的需求。

负载均衡策略通过分散数据流向多个节点,增强了系统的容错能力。即便在某个节点出现故障的情况下,数据仍然能够顺利传输到其他可用节点,确保服务不中断。这种容错能力有助于提高系统的可用性和可靠性,特别是在需要高可用性的关键应用中。负载均衡策略的设计需要综合考虑节点的健康状态、网络拓扑结构及数据传输的优先级等多种因素。

四、数据流动的模型与框架

(一)数据流动模型的分类及其特点

1. 点对点模型

点对点模型的主要特点是数据直接在两个节点之间传输。这种直接的传输方式使点对点模型在实时性要求高的应用场景中表现优异,因为其低延迟和简化的通信流程能够快速响应数据请求。然而,这种模型的局限在于其扩展性较差,难以适应动态变化的网络环境。在某些情况下,点对点模型可能需要额外的协议来维护节点之间的连接和数据一致性。

2. 发布订阅模型

在发布订阅模型中,数据源节点负责发布信息,而多个其他节点可以根据需求订阅感兴趣的数据。这种模型支持动态和异步的数据流动,增强了系统的灵活性和扩展性。发布订阅模型特别适合于需要频繁更新信息的应用场景,如社交网络和消息通知系统。尽管发布订阅模型的灵活性较高,但也面临着如何有效管理订阅者数量和数据一致性的问题。

3.流处理模型

流处理模型强调对连续数据流的实时处理能力。该模型能够处理大量数据并提供快速反馈,适用于需要实时分析和决策的应用。例如,在金融市场数据分析中,流处理模型可以实时处理交易数据并提供即时的市场反馈。这种模型的优势在于其高效的数据处理能力和实时性,但也对系统的计算资源和网络带宽提出了较高的要求,特别是在数据量极大的情况下。

4.混合模型

混合模型结合了多种数据流动模型的优点,能够根据具体应用需求灵活选择数据传输方式。这种灵活性提高了系统的适应性和效率,使其能够在不同的应用场景中发挥最佳性能。混合模型的设计通常考虑不同模型的优势,并在实际应用中进行动态调整,以满足复杂系统的多样化需求。然而,混合模型的实现复杂度较高,需要对系统架构有深入的理解和合理的设计。

5.分层模型

分层模型通过将数据流动分为多个层次,提供了一种组织与协调复杂系统中数据流动的方法。分层结构能够实现更好的管理和监控,使系统能够在不同层次上进行优化和调整。分层模型特别适用于复杂系统中数据流动的组织与协调,能够有效地分解系统复杂性,并提供清晰的接口和协议。然而,分层模型也可能引入额外的延迟和复杂性,特别是在层次之间需要频繁交互的情况下。因此,在设计分层模型时,需要在灵活性和效率之间找到平衡。

(二)分布式数据流模型的设计原则

分布式数据流模型的设计原则旨在确保系统能够有效处理大量数据,同时满足多样化的应用需求。

1.具备良好的可扩展性

数据流动模型必须具备良好的可扩展性。这意味着系统应能够在节点数量和数据量增加时实现平滑扩展，而不会导致性能瓶颈或资源耗尽。可扩展性不只涉及硬件资源的扩展，还包括软件架构的灵活调整，以便适应不断变化的工作负载和应用需求。通过设计可扩展的数据流动模型，系统能够在面对增长的用户需求和数据量时保持稳定的性能和高效的操作。

2.拥有强大的实时处理能力

在现代数据驱动的应用中，数据的实时处理能力直接影响系统的响应速度和用户体验。设计时需特别考虑数据流动的实时性，以确保系统能够快速响应数据变化和用户需求。实时数据处理不仅需要快速的数据传输和处理能力，还需要高效的算法和优化的网络架构，以减少延迟和提高吞吐量。在分布式环境中，实时性通常与系统的整体架构设计、数据传输协议的选择及数据处理算法的优化密切相关。

3.支持多种数据格式和协议

随着应用场景的多样化，系统需要处理不同类型的数据，包括结构化、半结构化和非结构化数据。因此，模型应支持多种数据格式和协议，以满足不同应用场景下的数据传输需求。通过采用灵活的数据格式和协议支持，系统可以在不同的环境中无缝集成和操作，从而提高适应性和兼容性。这种多样化支持不仅提高了系统的灵活性，还增强了其在不同应用领域的适用性。

4.确保错误处理机制的有效性

在数据传输过程中，错误处理机制的有效性直接影响系统的稳定性和可靠性。分布式数据流模型应实施有效的错误处理机制，以确保在数据传输过程中出现问题时能够快速恢复或重试。错误处理机制包括错误检测、错误隔离、错误恢复和重试策略等方面。通过建立有效的错误处理机制，系统可以在面对各种不可预见的错误时保持稳定运行，并减少数据丢失或系统中断的风险。

（三）支持数据流动的框架架构

在分布式环境中，支持数据流动的框架架构是确保数据在不同节点之间高效传输的核心。框架架构的设计需要充分考虑高可用性,确保即使在节点故障或网络问题发生时,系统仍能持续提供服务。这种高可用性不仅依赖冗余设计和故障转移机制,更要求对系统的实时监控和快速响应能力,以便在故障发生时迅速恢复正常运行状态。此外,框架的高可用性还体现在其对数据传输的保障上,避免因单点故障导致的数据丢失或传输中断。

模块化设计是支持数据流动框架架构的一重要特性。通过模块化设计,各个组件可以独立开发、测试和维护,从而提升系统的灵活性和可扩展性。这种设计方法允许开发者在不影响其他模块功能的情况下,对某一模块进行更新或优化,极大地提高了系统的响应速度和适应能力。同时,模块化设计为系统的扩展提供了便利,使其能够根据需求增加新的功能模块或扩展现有功能,满足不断变化的业务需求。

高效的负载均衡机制是数据流动框架架构中不可或缺的一部分。负载均衡能够根据实时数据流量动态调整资源分配,优化数据传输路径,从而提高系统的整体效率。在分布式环境中,数据流量的波动是常见现象,负载均衡机制需要具备快速响应能力,及时调整资源分配,避免因流量过载导致的性能下降。这不仅能提高系统的稳定性,还能在一定程度上减少资源浪费,提升整体经济效益。

框架架构应包含全面的监控与管理工具,以实时分析数据流动状态,及时发现和解决潜在问题。这些工具不仅可以帮助运维人员迅速定位故障点,还可以提供系统性能的全局视图,帮助优化资源配置和提升系统性能。通过对数据流动的实时监控,运维人员可以对系统进行预防性维护,避免潜在问题演变为实际故障,从而保证系统的长期稳定运行。

第二节　分布式数据管理的技术方法

一、分布式数据存储的基本方法

(一)分布式数据复制与同步策略

分布式数据复制与同步策略可以确保分布式系统中数据一致性和可用性。在复杂的分布式环境中,数据通常需要在多个节点间进行复制,以实现冗余和高可用性。根据应用场景和数据一致性需求，数据复制策略可以分为主从复制、对等复制和多主复制。主从复制适用于读多写少的场景，通过一个主节点进行写操作，其他从节点负责读取操作，从而减轻主节点的负担。对等复制则适用于读写均衡的场景，所有节点都可以进行读写操作，数据的更新会在所有节点间进行同步。多主复制则允许多个主节点进行写操作，适合于分布式数据库等复杂场景，但需要更复杂的冲突解决机制。

数据同步机制的实现方式是分布式数据管理中的关键环节。增量同步和全量同步是常用的两种数据同步方式。增量同步通过仅传输变化的数据，减轻了数据传输量和网络负担，适合于数据变化频繁但变化量较小的场景。全量同步则是在数据变更较大或系统初始化时使用，确保所有节点数据的一致性。实现数据同步的过程中，必须考虑数据一致性的问题，采用合适的同步策略可以有效地降低同步延迟，提高系统的响应速度。

在分布式数据复制与同步过程中，冲突检测与解决策略是一个不可忽视的环节。由于分布式系统的异步性和网络延迟，数据冲突在所难免。采用版本控制和时间戳等技术可以有效管理数据冲突。版本控制通过为每次数据更新分配一个唯一的版本号，确保数据的更新顺序和一致性。时间戳技术则通过记录数据更新的时间，帮助系统判断数据的最新状态，从而解决冲突，维护数据的完整性和一致性。

（二）去中心化和一致性算法

去中心化主要强调通过分散控制来提高系统的可靠性和抗攻击能力。在去中心化系统中，数据和控制权不再集中于单一节点，而是分布在多个节点上，这种架构设计有效地防止了单点故障，同时增强了系统的弹性和可扩展性。然而，去中心化带来的挑战在于如何在各个节点之间保持数据的一致性和系统的协调性，这就需要高效的算法来进行管理和调度。

一致性算法是解决分布式系统中数据一致性问题的关键技术。常见的一致性算法包括 Paxos 和 Raft 等，它们分别适用于不同的分布式环境和一致性需求。Paxos 是一种经典的分布式一致性算法，它通过一系列复杂的投票机制来确保多个节点之间的数据一致性。Raft 则是一种相对简单且易于理解的算法，它通过选举领导者的方式来管理日志复制和状态机的更新。这些算法在设计上各有侧重，Paxos 更注重理论的完整性，Raft 则更关注实现的简洁性和可操作性。

去中心化和一致性算法在实际应用中不断优化，提升数据处理效率和系统响应速度。优化策略包括减少通信开销、提高算法的收敛速度及增强系统的容错能力。例如,通过改进消息传递机制,可以显著降低节点之间的通信延迟;通过优化算法的决策流程,可以加快一致性达成的速度。此外,结合机器学习等新兴技术,进一步提升系统的智能化水平,使其能够自动调整参数以适应动态变化的网络环境。这些优化措施不仅提升了系统的性能,也为分布式数据管理提供了更为广阔的应用前景。

(三)高可用性与容错机制

高可用性设计原则强调系统在任何单点故障情况下仍能提供服务,这通常通过冗余组件和故障转移机制来实现。冗余组件的设计使系统的不同部分可以在其他部分失效时接管任务,从而避免服务中断。故障转移机制则确保在检测到故障时,系统能自动切换到备用组件,继续提供服务。这样的设计不仅提高了系统的可靠性,还增强了用户体验。

容错机制的实现是分布式系统设计中的一个重要方面。通过自动检测和修复故障的能力,系统能够在出现错误时快速恢复,减少对用户的影响。这种机制通常依赖实时监控和自动化的修复流程。当系统检测到异常时,它能迅速识别问题根源,并采取预设的修复措施。这种能力不仅减少了人为干预的需求,还加快了故障处理的速度,使系统能够在最短的时间内恢复正常功能,确保服务的持续可用性。

二、数据复制与一致性管理技术

(一)强一致性与最终一致性策略

在分布式系统中,强一致性策略要求系统中的所有节点在任何时候都能读取到最新的数据,以确保数据的实时性和可靠性。这种策略常用于对数据准确性要求极高的场景,如银行交易系统。为了实现强一致性,通常采用分布式锁和事务机制。这些技术手段通过控制并发访问,确保数据在更新过程中不会出现冲突,从而维持数据的准确性和完整性。然而,强一致性策略的实现通常伴随着较高的系统开销和延迟,限制了其在某些高并发环境中的应用。

最终一致性策略允许系统在某些时刻存在数据不一致的状态,但经过一段时间后,所有节点的数据将最终达到一致。这种策略适用于对实时性要求不高的应用场景,如社交网络的消息推送或电商网站的库存更新。最终一致性通过数据同步和冲突解决机制来实现,通常利用版本控制、时间戳等技术进行管理和协调。这些技术确保在数据更新过程中,即使出现冲突,也能通过合理的解决方案保持数据的一致性,降低了系统的复杂性和延迟。

强一致性策略的实现通常依赖分布式锁和事务机制。分布式锁通过限制对共享资源的并发访问,确保数据更新的顺序性和一致性。事务机制则提供了一种原子性操作的框架,使一组数据更新要么全部成功,要么全部失败,避免了数据的不完整状态。这些技术手段在确保数据准确性的同时,增加了系统的复杂性和延迟。因此,在选择一致性策略时,需要权衡系统的性能和数据一致性要求,以达到最佳的应用效果。

最终一致性策略依赖数据同步和冲突解决机制。数据同步通过周期性或事件驱动的方式,将数据更新传播到所有节点。冲突解决机制则通过版本控制、时间戳等技术,识别和解决数据更新过程中可能出现的冲突。版本控制可以记录数据的更新历史,时间戳则用于标识数据更新的先后顺序。这些技术的结合,确保了分布式系统在不影响整体性能的前提下,实现最终的数据一致性。

(二)分区容忍性与数据隔离技术

在分布式系统中,分区容忍性指的是在网络分区情况下,系统仍然能够继续提供服务的能力。这一特性确保了数据的可用性和一致性,特别是在网络不稳定的环境中。分布式系统常常面临网络分区的挑战,这要求系统设计必须能够在部分网络节点无法通信时,仍然保持系统的正常运行。分区容忍性不仅增强了系统的可靠性,还提升了用户体验,使用户可以在不同的地理位置或网络条件下,持续访问系统资源,而不必担心数据的丢失或服务的中断。

数据隔离技术是通过将不同用户或应用的数据分开存储,确保数据的安全性和隐私性。数据隔离有助于减少数据冲突,提高系统整体性能。在多租户环境中,数据隔离防止了不同用户之间的数据泄露和干扰。通过有效的数据隔离策略,系统可以在不影响性能的情况下,保障用户数据的安全性。此外,数据隔离也为合规性提供了支持,帮助企业满足不同国家和地区的数据保护法规要求,确保数据的合法合规存储和处理。

在分布式系统设计中,分区容忍性与一致性之间存在权衡关系。通常情况下，增强分区容忍性可能会导致一致性下降，因此系统设计需根据具体应用需求选择适当的一致性模型，以实现最佳的性能和可用性。不同的应用场景可能对数据一致性和可用性有不同的要求，因此需要在设计时进行全面的评估和权衡。通过选择合适的一致性模型，系统可以在提供高可用性的同时，确保数据的一致性，从而满足用户的实际需求。

（三）一致性维护中的多版本控制

在分布式系统中，多版本控制是一种关键的数据一致性维护策略。其核心思想在于通过保留数据的多个版本，允许不同的操作并行执行，从而减少冲突并提高系统的可用性和性能。这种方法特别适合于需要高并发处理的环境，因为它能有效避免因数据锁定而导致的系统瓶颈。多版本控制的定义与作用在于为每个数据项维护多个版本，使读操作可以访问旧版本的数据，写操作则更新最新版本，从而实现读写操作的并行化。这种策略不仅提升了系统的响应速度，还增强了用户体验，尤其是在需要快速数据访问和更新的应用中。

多版本控制的实现机制通常依赖于时间戳、版本号或快照等技术手段。这些技术用于标识数据的不同版本，从而确保在数据更新过程中能够准确管理和访问各个版本。时间戳方法通过为每个版本分配一个唯一的时间标记，确保版本的顺序性和可追溯性；版本号则通过简单的递增方式标识版本，便于管理和比较；快照技术则通过在特定时间点记录数据的状态，为数据恢复和审计提供了便利。通过这些技术的结合，系统能够在复杂的分布式环境中高效地维护数据一致性。

为了在多版本控制中实现性能优化，系统通常会采用合理的版本清理和回收策略。这些策略旨在减少存储开销和提高查询效率，从而使系统在处理大量并发请求时依然保持高效。版本清理策略通常包括定期删除不再需要的旧版本，或者通过合并操作减少版本数量，从而释放存储空间。回收策略则关注于如何在不影响系统性能的前提下，安全地移除过时的版本。这些优化措施不仅在资源利用上更加经济，也提升了系统整体的服务能力。

（四）分布式事务处理与协调

分布式事务处理涉及多个节点之间的协调，以保证事务的原子性、一致性、隔离性和持久性。在分布式环境中，事务的一致性尤为重要，因为多个节点可能同时处理不同的事务,若不加以协调,可能导致数据不一致的问题。分布式事务处理强调通过协调机制,确保每个事务在所有相关节点上要么全部成功提交,要么全部回滚,避免部分成功的情况,从而维护系统的完整性。

两阶段提交协议是分布式事务处理中常用的一种协议,其工作原理主要包括两个阶段:准备阶段和提交阶段。在准备阶段,事务协调者向所有参与者发送准备请求,并等待所有参与者的响应;在提交阶段,如果所有参与者都同意提交,事务协调者则通知各参与者提交事务,否则通知回滚。两阶段提交协议的优点在于其简单性和易于实现,但也存在缺点,如可能导致系统的阻塞,尤其是在网络故障或节点失效时。此外,两阶段提交协议对网络带宽和响应时间有较高的要求,通常适用于对一致性要求较高的场景。

分布式事务的补偿机制是应对事务失败的一种解决方案,通过补偿操作来处理事务失败的情况,确保系统的最终一致性。补偿机制的核心思想是在事务失败后,通过执行一系列补偿操作来撤销已完成的事务步骤,从而使系统回到事务执行前的状态。这种机制常用于长事务或需要较高可用性的系统中,尤其是在业务逻辑复杂、事务跨度时间较长的场景下。补偿机制虽然能够提高系统的可用性,但也增加了事务处理的复杂性,需要仔细设计补偿操作以避免新的不一致。

分布式事务协调者在事务管理中扮演着关键角色,其主要功能包括事务的开始、提交、回滚及参与者的管理。协调者负责协调所有参与者的操作,以确保事务的一致性和完整性。在性能方面,事务协调者对系统的影响不容忽视,尤其是在高并发环境下,协调者的性能瓶颈可能导致系统的整体性能下降。因此,优化协调者的设计和实现是提高分布式事务处理效率的关键之一。通过合理的事务划分和负载均衡策略,可以有效减轻协调者的负担,提高系统的响应速度和处理能力。

三、分布式数据库系统的查询优化

(一)查询计划生成与执行

在分布式数据库系统中,查询计划生成的基本流程包括解析查询语句、生成逻辑查询计划和优化查询计划。解析查询语句是将用户的查询请求转化为系统可理解的形式,这是生成逻辑查询计划的基础。接下来,逻辑查询计划的生成涉及将解析后的语句转化为一系列逻辑操作,这些操作描述了数据如何被访问和处理。为了提高执行效率,逻辑查询计划需要经过优化,这通常包括选择合适的索引、重写查询语句以简化操作,以及应用代价估算模型来预测不同执行策略的资源消耗。优化的目标是减少查询响应时间,提升系统的整体性能。

查询计划的优化策略是提高分布式数据库系统效率的核心。选择合适的索引是优化的基础,通过索引可以快速定位数据,减少不必要的扫描操作。此外,重写查询语句也是一种常用的优化技术,通过重新组织查询结构,消除冗余和不必要的计算,来简化查询过程。代价估算模型则用于评估不同查询计划的执行代价,以选择最优的执行路径。该模型综合考虑了系统的资源利用、数据分布和网络延迟等因素,旨在通过最小化资源消耗来减少查询响应时间。这些优化策略的有效应用,能够显著提升分布式环境中查询的性能。

在分布式数据库系统中,查询执行的过程是将优化后的查询计划转化为具体的执行步骤,并在分布式环境中协调各节点的操作。执行过程的核心是将逻辑查询计划映射到物理执行计划,这涉及选择具体的操作顺序和执行策略。由于数据分布在不同的节点上,查询执行需要考虑网络通信的开销和节点间的协调。分布式环境中的查询执行不仅要确保数据访问的正确性,还要最大限度地利用系统资源,以实现高效的并行处理。协调各节点的操作是确保查询执行顺利进行的关键,这需要有效的调度和负载均衡机制。

(二)分布式查询中的数据本地化

在分布式查询中,数据本地化旨在将数据的存储和处理尽可能靠近数据源的节点,这样可以显著减少网络延迟,提高查询效率。通过这种方式,数据流动的路径被缩短,数据处理的速度得以提升。这种方法在分布式数据库系统中尤为重要,因为它直接关系系统的响应速度和资源利用率。在大规模数据处理和实时应用场景中,数据本地化策略能够显著提升系统性能,成为分布式数据管理的重要组成部分。

实现数据本地化的策略主要包括数据分片和副本策略。数据分片是指将整个数据库划分为多个部分,并将这些部分分布在不同的节点上。这样,当一个查询请求发出时,可以在本地节点完成数据的检索和处理,减少跨节点的数据传输。此外,副本策略是通过在多个节点上存储数据的副本,提高数据的可用性和访问速度。这些策略的应用能够有效降低网络带宽的消耗,同时提升查询的响应速度和系统的稳定性。

数据本地化对系统性能的影响是显著的。优化数据的存储位置不仅能提高查询的响应速度，还能提升系统的整体性能。在大规模数据处理场景中，减少数据传输的时间有助于提高系统的效率。尤其在实时应用中，数据本地化能够确保系统快速响应用户请求，提供流畅的用户体验。通过合理的数据本地化策略，分布式系统能够在处理海量数据时保持高效运作。

（三）跨节点的并行查询处理

跨节点的并行查询处理的基本原理在于将复杂的查询任务分解为多个子任务，并在不同的计算节点上同时执行，以充分利用分布式系统的并行计算能力，从而显著提高查询效率和响应速度。这一过程不仅需要考虑如何有效地将任务分解，还需要确保各个节点能够高效地处理分配到的子任务。在此过程中，任务分解的合理性直接影响整个查询的执行效率，因此，设计一个高效的任务分解算法是跨节点并行查询处理的关键。

节点间的查询协调机制是确保跨节点并行查询处理顺利进行的核心。各节点在处理子任务时，必须能够有效地同步彼此的中间结果，以便在查询结束时能够合并为一个统一的查询结果。这一机制需要解决多个节点之间的通信问题，包括数据传输的可靠性和同步的时效性。通过合理设计的同步协议，系统能够在保证数据一致性的同时，最大限度地减少通信开销，从而提升查询的整体性能。此外，协调机制还需具备一定的容错能力，以应对节点故障带来的潜在影响。

负载均衡在跨节点并行查询处理中发挥着重要作用。通过动态分配查询任务，系统能够有效避免某些节点的过载现象，从而提升整体系统性能。负载均衡策略需要实时监控各节点的负载情况，并根据当前的负载状态动态调整任务的分配。这不仅能均衡节点间的计算压力，还能提高系统的资源利用率。此外，负载均衡策略的设计还需考虑任务的复杂性和节点的处理能力，以确保任务分配的合理性。

第三节 分布式环境中数据流动与管理的优化策略

一、数据流动优化的关键策略

(一)动态数据流动路径优化策略

1. 实时监控网络状态

在动态调整数据流动路径方面,通过实时监控网络状态,系统能够根据当前网络带宽的利用情况进行调整,确保在高负载情况下数据传输的稳定性。这样不仅可以优化网络资源的使用,还可以有效避免因路径固定而导致的网络拥堵问题。通过对网络状态的实时分析,系统能够自动选择最优的数据传输路径。这种策略大幅降低了传输延迟,提高了数据流动的效率,特别是在需要快速响应的应用场景中,其优势尤为显著。

2. 应用负载均衡技术

通过在不同节点之间动态分配数据流,系统能够避免某些节点因过载而导致性能下降。这样的策略不仅提升了系统的整体性能,还延长了硬件设备的使用寿命。负载均衡技术的应用,使系统能够在各种复杂的网络环境中保持高效运作,特别是在节点数量众多且性能各异的分布式系统中,其重要性不言而喻。

3. 实施智能路由算法

智能路由算法根据数据流动的特性和节点的性能,自动优化数据传输路径。这种智能化的路径选择方式,不仅增强了系统的适应性和灵活性,还使系统能够在面对网络条件变化时迅速做出反应。通过智能路由算法,分布式系统能够更好地应对不确定的网络环境,提高数据传输的可靠性和效率,为分布式应用提供坚实的技术支持。

(二)节点资源利用率的提升方法

1.实施动态资源调度策略

通过实时监控节点的负载和性能，系统可以自动调整资源的分配。这种策略不仅提高了整体系统的资源利用率，还减少了资源闲置和过载的情况。动态资源调度使系统可以根据实际需求灵活分配资源，从而在不增加硬件投入的情况下，提升系统的处理能力和响应速度。

2.采用容器化技术

容器化技术将应用及其依赖打包在轻量级容器中，这种方式允许在同一主机上高效运行多个实例。相比传统的虚拟机，容器启动速度更快，占用资源更少，从而实现资源的最大化利用。通过容器化，企业可以在有限的硬件资源上部署更多的服务实例，提升应用的可扩展性和灵活性，同时降低运维成本。

3.引入资源池化概念

资源池化将计算、存储和网络资源集中管理，使这些资源可以动态分配给不同的应用需求。这种集中管理的方式不仅提高了资源利用率，还增强了系统的适应性和稳定性。在资源池化的环境中，资源的调度和分配变得更加灵活，能够快速响应业务需求的变化，确保关键任务的顺利执行。

4.实施虚拟化技术

通过创建多个虚拟机或虚拟环境，物理资源可以被多个用户和应用共享。虚拟化技术不仅提高了资源的使用率，还降低了系统管理和维护的复杂性。通过虚拟化，企业可以更好地隔离不同应用之间的运行环境，减少相互影响，提高系统的安全性和稳定性。虚拟化还支持资源的动态调度，能够根据应用的需求变化灵活调整资源分配，确保系统的高效运行。

(三)智能流量控制与预测技术

智能流量控制技术通过实时监测网络流量和节点负载，自动调整数据传输速率,以优化网络资源的使用。这种技术能够有效地识别网络中的瓶颈和潜在的资源浪费,从而提高整体系统的效率。通过智能流量控制,系统可以在不增加硬件成本的情况下,显著提升网络性能,降低延迟,提高数据传输的可靠性。这种技术的应用不仅在于提升当前系统的性能,还为未来网络的扩展和升级提供了坚实的基础。

基于机器学习的流量预测模型是智能流量控制技术的核心组成部分。通过分析历史数据,这些模型能够预测未来流量趋势,提前调整资源分配,避免网络拥塞。这种预测能力使管理者可以更好地规划网络资源的使用,减少不必要的资源浪费。此外,流量预测模型还能帮助识别异常流量模式,及时采取措施,防止潜在的安全威胁。这种基于数据驱动的预测方法为分布式系统的稳定运行提供了强有力的支持。

动态流量调度策略根据网络状态变化,灵活调整数据流向,以实现高效的数据传输和负载均衡。通过动态调度,系统能够在流量高峰期有效分配资源,确保关键任务的顺利进行。同时,这种策略能够快速适应网络环境的变化,减少网络故障对系统性能的影响。动态流量调度的实施,不仅提高了系统的灵活性,还增强了其对突发事件的响应能力。

二、跨系统的数据同步与集成

(一)异构系统间的数据协议转换

在分布式环境中,异构系统间的数据协议转换是实现数据互操作性的重要手段。不同系统由于设计初衷和应用场景的差异,往往使用不同的通信协议和数据格式。因此,实现异构系统间的数据协议转换是支持跨平台数据共享与集成的关键。通过有效的数据协议转换,企业可以在不改变现有系统架构的情况下,实现数据在不同平台间的无缝流动。这不仅提升了系统的灵活性和可扩展性,也为企业在全球化背景下的数字化转型提供了技术支持。

常见的数据协议转换技术包括 API 网关和消息队列等。这些技术手段在异构系统间实现数据格式和协议的转换,确保数据能够在不同系统间顺畅流动。API 网关作为接口管理工具,能够对外提供统一的访问入口,简化了数据访问的复杂性。消息队列则通过异步消息传递机制,确保数据在不同系统间的可靠传输。除此之外，企业还可以利用中间件技术，实现复杂的数据协议转换和集成任务，这些技术的应用使异构系统间的数据交互更加高效和稳定。

在异构系统间进行数据协议转换时，标准化问题是一个重要的挑战。通过采用统一的数据格式和协议标准，可以简化异构系统间的数据交互过程，减少转换过程中的数据丢失和错误。标准化的数据协议不仅提高了系统的互操作性，还降低了维护成本和复杂性。

异构系统间数据协议转换的性能优化策略是关键考量。为了提高数据传输效率和降低延迟，可以采用缓存机制、数据压缩和异步处理等技术。缓存机制通过存储常用数据减少重复请求，数据压缩则通过缩小数据体积加快传输速度，异步处理则通过将数据处理任务分离，提高系统响应速度。这些策略的综合应用，可以显著提升异构系统间数据协议转换的性能，满足高并发和低延迟的业务需求。

（二）数据同步的实时性与延迟管理

在分布式系统中，实时数据同步的实现依赖多种关键技术，其中增量更新和数据流处理尤为重要。增量更新技术通过仅传输变化的数据，显著减少数据传输量，从而减轻网络负担。数据流处理则能够实时处理和分析数据流，确保数据在多个节点间的及时更新。这些技术的结合，不仅提高了数据传输的效率，还有效地减少了系统的延迟，保障了数据的实时性。

延迟管理策略的实施有助于优化数据同步的响应时间。通过网络延迟监测，系统能够实时了解各节点之间的传输状态，从而动态调整数据传输策略。这种动态调整机制可以根据当前网络状况，选择最优的传输路径和方式，减少不必要的延迟。同时，延迟管理策略可以通过优先级调度，确保关键数据的优先传输，提高系统整体性能。这种策略不仅提升了数据同步的效率，还增强了系统的稳定性和可靠性。

（三）跨域身份验证与授权机制

跨域身份验证与授权机制涉及在不同域之间如何有效地验证用户身份，以确保系统的安全性和可靠性。跨域身份验证要求系统能够识别来自不同网络域的用户，并确认其身份的真实性。这一过程通常需要考虑网络延迟、数据一致性及安全协议的实施等因素。因此,跨域身份验证不仅需要技术上的支持,还需在策略上进行精密的设计,以防止未经授权的访问,确保数据在分布式系统中的安全流动。

授权机制的设计原则在跨域环境中尤为重要。在跨域环境下,实施细粒度的访问控制是关键,以满足不同用户和应用的需求。细粒度的访问控制意味着系统能够根据用户的身份、角色及请求的具体资源,动态地决定是否授予访问权限。这种机制不仅提高了系统的灵活性,还增强了安全性,使不同的用户能够在同一系统中安全地访问各自所需的数据资源。有效的授权机制需要结合用户的需求和系统的安全策略,确保在提供便利的同时,不降低安全标准。

三、实时数据流处理技术

(一)实时数据流分析算法

实时数据流分析算法的功能在于处理连续数据流时,能够实现高效的实时响应。这种算法的核心在于其数据处理效率,能够在瞬息万变的数据环境中快速做出反应。实时数据流分析的关键在于其能够对不断变化的数据进行及时的分析和处理,确保系统能够在最短的时间内给出准确的分析结果。通过实时数据流分析算法,企业和组织能够及时捕捉数据变化,做出敏捷的决策,从而在竞争激烈的市场环境中占据优势。

常见的实时数据流分析算法类型包括窗口函数、流聚合和模式匹配算法等。窗口函数主要用于在特定时间范围内分析数据流,适用于需要时间序列分析的场景;流聚合则是在大规模数据流中提取关键统计信息,适用于需要实时统计的应用;模式匹配算法用于检测数据流中的特定模式或事件,适用于实时监控和异常检测。这些不同类型的算法可以根据具体的数据分析需求进行选择和组合,以实现最优的数据处理效果。

在实时数据流分析中,有效的状态管理能够维护和更新分析过程中的中间状态,确保分析结果的准确性。在处理连续数据流时,系统需要不断更新其状态信息,以反映最新的数据变化。状态管理技术通过优化状态存储和更新机制,降低存储空间和计算资源的消耗,提高系统的整体性能。良好的状态管理不仅可以提高数据分析的准确性,还可以显著提升系统的响应速度。

为了优化实时数据流分析的性能，通常采用多种策略，包括数据预处理、并行计算和资源调度。数据预处理通过清洗和过滤原始数据，减少不必要的数据冗余，提高数据处理效率。并行计算则通过将数据流分析任务分解为多个子任务，利用多核处理器和分布式计算资源，实现高效的并行处理。资源调度策略通过动态分配计算资源，确保系统在高负载情况下仍能保持稳定的性能。这些性能优化策略的应用，能够显著提升实时数据流分析系统的处理能力，满足现代分布式环境的高效数据处理需求。

（二）分布式数据流处理框架

分布式数据流处理框架的架构设计必须支持高可用性，以确保在节点故障或网络问题出现时，系统仍能持续提供可靠的服务和数据处理能力。这种高可用性的实现通常依赖数据复制、故障转移和负载均衡等技术手段，确保任何一个节点的失效不会导致整个系统的崩溃。通过这种方式，分布式数据流处理框架能够在不间断的环境中运行，支持企业和组织对实时数据的高效处理和分析需求。

模块化设计是分布式数据流处理框架的重要特性。模块化设计允许各个组件独立开发、测试和维护，从而提升系统的灵活性和可扩展性。通过将系统划分为多个独立的模块，开发者可以在不影响整体系统的情况下对某个模块进行升级或更换。这种设计不仅简化了系统的维护和扩展流程，还为系统集成新的功能和技术提供了便利。这种灵活性有助于应对快速变化的技术环境和业务需求。

在多样化应用需求的驱动下，分布式数据流处理框架必须能够集成多种数据格式和协议。这种多样性支持确保框架可以灵活处理和传输不同类型的数据，以满足不同应用场景的需求。无论是结构化数据、半结构化数据，还是非结构化数据，框架都应具备相应的处理能力。此外，通过支持多种协议，框架能够在不同系统和应用之间实现无缝的数据交换，进一步提升其适用性和通用性。

（三）流处理中的自动伸缩

流处理中的自动伸缩技术的核心在于根据实时数据流量变化动态调整计算资源。这种技术确保了系统在高负载情况下仍能保持高效性能，避免了传统静态资源分配方式可能导致的资源浪费或系统过载问题。通过自动伸缩，系统能够在流量激增时迅速增加计算节点，保障处理能力，而在流量下降时减少节点数量，以节省资源。这种动态调整能力使分布式系统在应对不确定性和多变的工作负载时表现得更加出色。

自动伸缩机制的实现依赖对系统性能指标的持续监控,如 CPU 使用率、内存占用等。通过这些指标,系统可以自动判断何时需要增加或减少计算节点的数量,以优化资源利用率。自动伸缩策略通常预设了特定的阈值和响应策略,当系统指标达到这些阈值时,自动伸缩机制便会启动,进行资源的动态调整。这种机制不仅提高了系统的响应速度和可靠性,还减少了人工干预的需求,使系统管理变得更加智能化。

在流处理框架中,自动伸缩策略能够有效应对突发流量,避免系统过载或资源浪费。通过预设的阈值和策略,系统可以自动检测并响应流量的变化,确保数据流处理的连续性和稳定性。自动伸缩不仅提高了系统的资源利用效率,还增强了系统的弹性和灵活性,使其能够适应各种复杂和多变的应用场景。

四、数据管理的自动化与智能化

(一)自动化数据管理平台的设计

自动化数据管理平台设计的核心在于构建一个灵活的架构,能够支持多种数据源的接入和管理,以适应不断变化的业务需求。这种灵活性不仅要求平台能够处理传统的结构化数据,还需其处理半结构化和非结构化数据,确保数据的完整性和一致性。通过模块化设计,平台可以方便地进行功能扩展和升级,从而有效应对不同的业务场景和技术挑战。

为了保证系统的稳定性和可靠性,自动化数据管理平台必须具备全面的监控与管理功能。实时监控数据流动状态是其中的关键,能够及时发现数据传输中的瓶颈和异常情况。通过自动化的告警和处理机制,平台可以迅速定位并解决潜在问题,减少人工干预的需求。此外,日志管理和数据审计功能的集成,确保了数据操作的可追溯性和安全性,为系统的长久运行提供了有力保障。

用户体验和系统的可用性在自动化数据管理平台的设计中不可忽视。平台应提供直观友好的用户界面,使用户能够轻松进行数据查询、管理和操作。通过开放的 API,平台可以与其他系统无缝集成,增强了系统的灵活性和可扩展性。用户反馈机制的引入有助于持续优化平台功能,确保其始终符合用户需求和行业标准。通过这些措施,自动化数据管理平台不仅提高了数据管理的效率,也为用户提供了更高的价值。

(二)智能数据处理算法的应用

智能数据处理算法通过机器学习技术对大规模数据集进行分析，能够从中提取出有价值的信息，极大地提升数据分析的准确性和效率。在数据日益增长的背景下，智能数据处理算法凭借其强大的计算能力和自动化处理能力，能够迅速识别数据中的复杂模式和隐含关系，为企业提供更为精准的分析结果。这不仅能提高企业的决策效率，还能为业务优化提供坚实的数据支持。

智能数据处理算法具有自动分类和聚类功能。通过这些功能，企业能够快速识别数据中的模式和趋势，从而支持决策制定和业务优化。在复杂多变的市场环境中，及时获取和分析数据是企业保持竞争力的关键。智能算法能够通过自动化的方式，将数据进行分类和聚类，帮助企业快速识别潜在的市场机会和风险。这种能力使企业能够在激烈的市场竞争中占据有利地位，并实现业务的持续发展。

智能数据处理算法的自我学习和优化能力是其重要特性之一。随着数据量的增加，这些算法能够不断提升处理性能，适应不断变化的业务环境。在大数据时代，数据的规模和复杂性不断增加，智能算法通过自我学习机制，可以自动调整和优化其处理策略，以应对新的数据挑战。这种能力使智能数据处理算法能够在动态的业务环境中保持高效和准确，为企业的长远发展提供坚实的技术保障。

(三)基于人工智能的数据优化技术

通过机器学习算法的应用，基于人工智能的数据优化技术能够深入分析数据流动模式，自动识别潜在的瓶颈和低效环节，并自适应地调整数据处理流程，提升系统的整体效率。这种自动化的调整不仅能够减少人工干预的需求，还能够快速响应动态变化的环境，从而在复杂的分布式系统中保持高效的数据流动。此外，人工智能技术的引入使数据管理更加智能化，为企业在数据驱动的决策过程中提供了强有力的支持。

在复杂数据集的处理中，利用深度学习技术的智能数据优化成为提升数据质量和分析精度的关键手段。深度学习算法能够自动进行特征提取，识别数据中的重要模式和趋势，为数据的进一步分析奠定基础。这种自动化的特征提取不仅提高了数据分析的效率，还显著提升了决策的准确性，帮助企业在竞争激烈的市场中快速做出反应。通过深度学习技术,数据管理的智能化水平得以大幅提升,为企业的数字化转型提供了坚实的技术基础。

人工智能驱动的预测模型在分布式环境中发挥着重要作用。这些模型通过分析历史数据,能够准确预测未来的数据趋势和需求,优化资源配置策略。通过这种预测能力,企业可以在高负载情况下合理分配计算资源,确保系统的稳定性和高效运行。预测模型的应用不仅提高了资源利用率,还降低了系统的运营成本,为企业在资源紧张的情况下提供了可靠的保障。

第五章　云服务的管理策略与实践应用

第一节　云服务的供应链管理

一、云服务供应链的基本概念

(一)云服务供应链的定义与特点

云服务供应链是指在云计算环境中,各种服务提供商、用户和中介之间的互动关系及其相互依赖的网络。这个网络是一个复杂的生态系统,涉及多个利益相关者的协调与合作。

云服务供应链的动态特性体现为服务的可伸缩性和灵活性,使资源可以根据需求快速调整和优化。这种特性使云计算在应对不确定性和快速变化的市场环境时具有显著优势。通过动态调整资源,企业可以在不增加固定成本的情况下,灵活应对业务需求的波动。云服务供应链的管理策略强调协同合作,以提高服务质量和响应速度,满足客户的多样化需求。这种协同不仅限于内部流程的优化,还包括与外部合作伙伴的紧密合作,以实现资源的高效配置和利用。

云服务供应链的安全性和合规性是其关键要素之一,确保数据保护和法律法规的遵循是供应链管理的重要组成部分。在云环境中,数据的存储和传输涉及多个环节和参与者,任何一个环节的疏忽都可能导致数据泄露或损失。因此,云服务供应链管理需要制定严格的安全策略和合规措施,以保护用户的数据隐私和安全。这包括数据加密、访问控制、定期审计和监控等措施。

(二)云服务供应链的主要参与者

1. 云服务提供商

云服务提供商在这个体系中扮演着重要的角色,他们负责建设和维护基础设施,包括数据中心、服务器和网络设备等。他们还需开发和持续改进各种云服务,以满足市场的多样化需求,并提供高质量的客户支持和服务保障。云服务提供商的责任不仅限于技术层面,还包括确保服务的可用性、可靠性和安全性,以赢得消费者的信任和满意。

2.云服务消费者

云服务消费者的需求与行为特征在云服务供应链中尤为重要,他们在选择云服务时会考虑多种因素。成本效益是一个关键考量,消费者希望在获得高性能和可靠服务的同时,降低使用成本。此外,性能和安全性也是消费者关注的重点,他们期望云服务能够快速响应并保护其数据隐私。消费者的这些需求推动了服务提供商不断优化其产品和服务,以提供更具竞争力的解决方案。

3.云服务中介

云服务中介连接服务提供商与消费者,提供市场信息和技术支持。中介机构通过分析市场需求,帮助消费者找到最适合的服务提供商,并协助提供商了解市场趋势和消费者偏好。此类中介服务不仅提高了供应链的效率,还促进了市场的公平竞争。

4.技术基础设施

技术基础设施包括了计算资源、存储解决方案和网络连接等。这些基础设施的构建与管理直接影响云服务的性能和可靠性。高效的计算资源配置、先进的存储技术及稳定的网络连接是确保云服务稳定运行的基石。服务提供商必须不断更新和优化其技术基础设施,以适应不断变化的市场需求和技术进步。

5.监管机构

监管机构确保各方遵守法律法规,特别是在数据隐私和安全方面。监管机构通过制定行业标准和政策,维护市场的公平性和透明度,促进行业的健康发展。此外,他们还负责协调各参与者之间的关系,解决潜在的法律和技术争议,确保云服务市场的持续稳定发展。

(三)云服务供应链的运作模式

云服务供应链的运作模式直接影响企业的运营效率和市场竞争力。其基本架构可以分为集中式和分散式两种模式。集中式架构通常适用于大型企业,能够通过统一的管理平台实现资源的集中调配与优化,从而降低运营成本。分散式架构则更适合中小型企业,提供更高的灵活性以满足快速变化的市场需求。两种架构各有优劣,企业需根据自身规模和需求做出选择,以实现最佳的运营效果。

在云服务供应链中,服务提供商通过应用程序接口和标准化协议来实现系统之间的互操作性。这种互操作性不仅提高了服务的灵活性和可扩展性,还使不同服务之间能够无缝衔接,形成一个高效的生态系统。标准化的协议减少了各系统之间的兼容性问题,为企业提供了更多的选择和更大的市场空间。

云服务供应链的运作模式特别强调实时数据的共享与反馈机制。通过这一机制,各方可以快速响应市场变化和用户需求,确保供应链的高效运作。实时数据共享与反馈机制不仅能提高信息透明度,还能通过快速反馈机制帮助企业及时调整策略,优化资源配置,提高市场响应速度。这种模式不仅提升了用户体验,也增强了企业的市场竞争力。

二、云服务供应链的管理流程与优化

(一)云服务供应链的需求预测与响应

在云服务供应链中,需求预测的准确性直接影响服务提供商的资源配置能力,合理的需求预测能够帮助服务提供商提前做好资源准备,以满足未来用户的需求。通过精准的需求预测,服务提供商可以有效地避免资源的浪费和降低服务的延迟,提升服务质量和用户满意度。需求预测需要结合市场趋势分析,以增强对用户需求变化的敏感度。通过对用户行为的深入分析,服务提供商可以更好地理解用户的潜在需求,从而在激烈的市场竞争中保持优势。

为了提高需求预测的准确性,云服务供应链管理中广泛采用了数据分析技术和机器学习算法。通过对海量数据的挖掘和分析,服务提供商可以识别出用户需求的变化模式和趋势,从而优化资源的分配和调度。这些技术手段的应用,不仅提高了预测的准确性,还为动态响应机制的建立奠定了基础。在面对需求的突发变化时,服务提供商能够快速调整服务能力,确保用户体验的连续性和稳定性。

通过建立动态响应机制,服务提供商能够在需求变化时迅速做出反应,调整资源分配以应对突发的需求高峰。这样的机制需要依赖实时的数据监控和分析,以确保服务能力的调整能够及时到位。为了实现这一点,服务提供商需要不断优化其技术架构和管理流程,以提高响应速度和效率。动态响应机制的有效实施,可以显著提升云服务的可靠性和用户满意度。

(二)供应链资源配置与优化策略

在多云环境下,资源整合与优化是一个复杂但必要的过程。不同云服务提供商拥有各自的优势,如何利用这些优势实现资源的最优配置是管理者面临的挑战。通过整合多云环境中的资源,企业可以实现更高的灵活性和可靠性。多云策略不仅能规避单一供应商的风险,还能通过竞争性选择,降低成本并提升服务质量。

有效的资源配置能够确保云服务的高效运行,满足用户的多样化需求。云服务资源配置的动态调度机制是实现这一目标的关键。通过动态调度,云服务提供商能够在高峰期和低谷期灵活调整资源分配,确保资源的高效利用和服务的连续性。这种机制不仅提高了资源利用率,还降低了运营成本,使云服务更加经济高效。

基于用户需求分析的资源优化策略是提高云服务资源利用效率的重要手段。通过实时监测用户行为和使用模式,云服务提供商可以更好地了解用户的需求变化,从而优化资源配置。这种策略能够帮助提供商在资源分配上做出更加精准的决策,避免资源浪费,并提升用户体验。实时数据分析工具在这一过程中发挥了重要作用,为资源优化提供了数据支持和决策依据。

运用自动化工具与智能算法优化云服务资源的分配与调度,已成为现代云服务管理的重要趋势。这些工具和算法能够在资源分配过程中降低人工干预,减少人为错误,提高调度效率。智能算法可以根据历史数据和实时需求预测未来的资源需求,并进行自动调整,从而确保资源的最佳使用。

(三)风险管理与持续改进方法

风险识别与评估方法是管理流程的起点,通过系统化的风险识别,可以及时发现潜在的风险源,并评估其对业务的影响程度。这一过程需要结合云服务的复杂性和动态性,采用先进的数据分析技术和工具,确保风险评估的全面性和准确性。通过对风险的量化评估,企业能够识别出高风险区域,并制定针对性的风险缓解策略，从而有效降低风险对业务的负面影响。

1.建立风险监测机制

通过利用实时数据分析和监控工具，企业可以对云服务供应链中的关键指标进行持续跟踪。这种实时监测不仅能够及时发现异常情况，还能为企业提供即时的风险预警，帮助其在风险发生前采取预防措施。实时监测机制的有效性依赖数据的准确性和监控系统的灵活性，因此，企业需要不断优化其数据采集和分析能力，以提高风险监测的效率和效果。

2.制订应急响应计划

应急响应计划需要明确在风险事件发生时的处理流程和责任分工，以确保在突发情况下能够快速有效地应对。通过明确的应急流程，企业可以减少因风险事件导致的损失，并在最短时间内恢复正常运营。应急响应计划的制订需要结合企业的实际情况，考虑不同类型风险事件的特殊性，以确保其在实际应用中的可操作性和有效性。

3.持续的风险审计与评估

定期对云服务供应链的风险管理策略进行审查和更新，能够确保其适应性和有效性。风险环境的变化要求企业不断调整其风险管理策略，以应对新的挑战和机遇。通过持续的风险审计，企业可以识别出当前策略中的不足，并通过改进措施来增强其风险管理能力，从而确保供应链的长期稳定性和安全性。

三、云服务供应链的风险管理与控制

（一）云服务供应链中的安全漏洞识别与防范

1.识别常见的安全漏洞

识别常见的安全漏洞是第一步，通常包括数据泄露、身份认证缺失及接口安全问题等。这些漏洞可能导致敏感信息的泄露，或使未经授权的用户获得系统访问权限，从而对云服务的整体安全构成威胁。为了有效应对这些挑战，必须在云服务供应链的各个环节进行深入的安全风险评估,识别潜在的安全隐患,并采取针对性的防范措施。

2.实施多层次的安全防护措施

加密技术在保护数据传输和存储安全中扮演着重要角色,通过使用现代加密算法,可以有效防止数据在传输过程中被截获和篡改。访问控制机制的建立与完善,能够确保只有经过授权的用户才能访问特定的资源和服务。此外,数据隔离技术也被广泛应用于云环境中,以防止不同租户之间的数据干扰和泄露,从而提高整体安全性。

3.定期进行安全审计与渗透测试

定期进行安全审计与渗透测试,是确保云服务环境安全性和合规性的重要手段。通过安全审计,可以系统地检查云服务的安全措施是否到位,是否符合行业标准和法规要求。渗透测试则通过模拟攻击者的行为,主动发现系统中的潜在漏洞和弱点。这两种方法的结合,能够帮助企业提前识别和修补安全漏洞,防止安全事件的发生。

4.建立安全事件响应机制

建立安全事件响应机制,是应对突发安全事件的有效策略。安全事件响应机制通常包括事件检测、评估、响应和恢复等阶段,通过明确的流程和步骤,确保在事件发生后能够迅速恢复系统的正常运行,减少对业务的影响。

5.加强参与者的安全意识培训

加强参与者的安全意识培训,是提高云服务供应链中所有相关人员对安全风险识别与防范能力的有效途径。通过定期的培训和演练,参与者可以了解最新的安全威胁和防范措施,增强其在实际工作中识别和应对安全风险的能力。这不仅有助于提升整个供应链的安全水平,也为云服务的稳定和安全运行提供了有力保障。

(二)服务中断风险的应急处理与恢复策略

第一,建立冗余系统是确保服务连续性的基础。当主服务出现故障时,能够快速切换到备用系统以维持服务的正常运作。这种冗余设计不仅提高了系统的可靠性，也为企业提供了更强的灵活性，以应对不可预见的中断事件。

第二，为了在服务中断时迅速组织救援行动，制订详细的应急响应计划尤为重要。应急响应计划需要明确各个角色的责任和处理流程，确保所有相关人员在危机时刻能够有效协同工作。通过这种方式，可以减少因职责不清或沟通不畅导致的响应延迟，从而更快地恢复服务。此外，应急响应计划还应包括对外部合作伙伴的协调机制，以便在需要时获得必要的技术支持和资源。

第三，实施定期的灾难恢复演练是评估应急处理流程有效性的重要手段。通过模拟真实的服务中断场景，可以测试应急响应计划的各个环节，识别潜在的漏洞，并进行相应的改进。演练不仅能提高团队在紧急情况下的反应速度，还能增强团队成员的危机意识和应对能力。定期演练还可以确保所有人员熟悉应急流程，避免因人员变动而导致的应急响应效率下降。

第四，云服务的弹性特性为服务中断风险的应对提供了技术支持。通过自动化资源的重新分配与负载均衡，可以在一定程度上最小化服务中断对用户的影响。弹性技术允许在需求高峰期自动增加资源，或在资源过载时进行负载转移，确保服务的稳定性和响应速度。这种自动化的处理方式不仅提高了资源利用率，也减少了人为干预的复杂性和可能的错误。

第五，建立用户沟通机制是增强用户信任和满意度的重要策略。在服务中断事件中，及时向用户通报情况和恢复进度，可以有效缓解用户的焦虑情绪。通过透明的信息传递，用户能够更好地理解事件的性质和恢复时间，从而调整其业务计划。良好的沟通机制还可以收集用户反馈，帮助企业在未来的服务改进中做出更符合用户需求的调整。

(三)数据隐私保护与合规性保障措施

1.实施数据加密技术

通过加密技术，云服务提供商能够在数据存储和传输过程中有效防止用户信息被未授权访问。加密不仅是保障数据完整性和机密性的基础技术手段，也是在复杂网络环境下防范数据泄露的基本策略。这不仅提升了用户对云服务的信任度，也为企业在市场竞争中提供了安全性优势。

2.建立严格的访问控制机制

通过对敏感数据设置访问权限,云服务提供商可以确保只有经过授权的人员才能访问和处理相关数据。这种机制不仅能够有效防止内部数据泄露,还能够在发生数据安全事件时,快速追溯和定位责任人。访问控制机制的设计需要结合企业的实际业务需求,并不断更新和优化,以应对不断变化的安全威胁。

3.定期进行数据隐私评估

通过对数据隐私的评估,企业能够及时发现数据管理中的薄弱环节,并根据评估结果采取相应的改进措施。这种主动的风险管理策略,不仅能够帮助企业在技术层面提升数据保护能力,也能够在管理层面提高对风险的敏感度和应对能力。隐私评估的结果应与企业的整体风险管理框架相结合,以实现数据隐私保护的持续改进。

4.遵循相关法律法规

遵循相关法律法规是云服务合规性保障的基本要求。云服务提供商需要深入理解并严格遵循相关法律法规,以避免法律风险和经济损失。在合规性保障过程中,企业需要与法律顾问和技术专家密切合作,以确保其数据管理实践符合最新的法律标准。

5.加强用户隐私意识教育

通过隐私意识教育,用户能够更好地理解数据保护的重要性,并积极参与数据隐私保护的实践。用户的参与不仅能够促进其与服务提供商之间的信任关系,还能够在一定程度上减轻企业的数据管理负担。教育活动可以通过线上课程、研讨会等形式进行,以提高用户的参与度和积极性。

四、云服务供应链的透明度与可追溯性

(一)云服务供应链的透明度原则

在云服务供应链中,透明度原则是确保各方信息共享与可视化的核心。透明度的定义强调在服务提供商、消费者和中介之间的信息流动，使所有参与者能够对供应链的运行有清晰的了解。信息的透明化不局限于数据流动，还包括对流程、政策和操作的公开。这种透明度的实现需要各方在技术和管理上进行深度合作，以确保信息的准确性和及时性。透明度原则的实施有助于减少信息不对称所带来的风险，提高供应链的整体效率和响应能力。

在云服务供应链中，透明度能够增强各方之间的信任，促进合作与协同。通过透明的信息共享，服务提供商可以更好地理解消费者的需求，消费者也能更清晰地了解服务的提供过程和质量。这种双向的信息流动有助于服务提供商与消费者建立更为紧密的合作关系，提升整体供应链的协调性。同时，透明度能够帮助各方识别供应链中的潜在问题和风险，确保及时采取措施进行调整和优化。

透明度原则要求对服务性能指标进行实时监控和报告，以便各参与者能够及时获取关键信息。这种实时监控不仅能够提高服务的可靠性和稳定性，还能够为各方提供数据支持，以便进行深入分析和决策。通过透明的性能监控和报告机制，供应链各方可以在问题出现时迅速做出响应，减少服务中断的可能性，同时为持续改进提供了数据基础。

实施透明度原则有助于提高合规性，确保各方遵循法律法规和行业标准。在云服务供应链中，各方需要遵循一系列复杂的法律和行业要求。透明度的实现可以帮助各方更好地理解和遵循这些要求，减少合规风险。通过透明的合规管理，供应链各方能够确保其操作符合相关法律和标准，降低法律风险和声誉损失的可能性。

透明度可以促进用户对服务质量的评估，使消费者能够做出更明智的选择和决策。通过透明的信息披露，消费者可以更全面地了解服务的性能、可靠性和安全性等关键指标。这种信息的可视化使消费者在选择服务时能够根据自己的需求和偏好做出更为合理的决策，从而提升用户体验和满意度。同时，透明度为服务提供商提供了反馈机制，帮助其不断改进和优化服务质量。

(二)供应链数据实时共享机制

供应链数据实时共享机制的核心在于实现各参与者之间的信息即时传递和更新，从而提高供应链的响应速度和协同效率。通过实时数据共享，供应链各环节能够更快速地获取所需信息，减少信息不对称带来的决策延误和风险。这种机制对现代云服务供应链的高效运行尤为重要，尤其是在面对不断变化的市场需求和复杂的供应链环境时。

为了实现供应链数据的实时共享,采用标准化的 API 和数据交换标准是关键。这些技术手段确保了不同系统之间的兼容性和数据的无缝流动,避免了因系统不兼容导致的信息孤岛问题。API 的使用不仅简化了数据交换的流程,还提高了数据传输的效率和准确性。标准化的数据交换协议则为不同企业和系统之间的协作提供了统一的语言,使信息流动更加顺畅。这些技术手段共同作用,确保了供应链各参与者之间的信息能够实时共享。

建立数据共享平台是实现供应链数据实时共享的重要步骤。数据共享平台能够集中管理和分发关键数据,提升信息透明度和可访问性。通过统一的数据共享平台,供应链各方可以在一个集中的界面上获取和更新信息,减少了信息传递的中间环节和时间延迟。这不仅提高了整个供应链的效率,还增强了各方对数据的信任和依赖,从而促进了更为紧密的合作关系。

区块链技术的引入为供应链数据共享的安全性和可追溯性提供了有力支持。利用区块链的分布式账本特性,可以确保数据在共享过程中的完整性和真实性。每一笔数据的变动都被记录在区块链上,形成不可篡改的历史记录,从而增强了数据的可信度和透明度。此外,区块链技术还可以防止数据在传输过程中被篡改或丢失,为供应链数据共享提供了坚实的安全保障。

(三)可追溯性的技术实现

1.区块链技术

通过去中心化的账本,区块链能够实现数据的不可篡改性和可追溯性。这一特性不仅增强了供应链各方的信任度,还为供应链的每一个环节提供了透明的记录。区块链的去中心化特性使任何一方都无法单独修改账本,从而保证了数据的真实性和可靠性。这种技术的应用,使供应链中的每一个节点都能对数据的来源和流向进行追溯,极大地提高了供应链的透明度。

2.数字签名和加密技术

在确保数据传输过程的完整性和真实性方面,数字签名和加密技术发挥了重要作用。数字签名通过对数据进行加密,确保只有特定的接收者才能解密和读取信息,防止数据在传输过程中被篡改或伪造。加密技术则通过对数据进行编码,使数据在传输过程中即使被截获，也无法被解读。这些技术的结合使用，不仅保障了数据的安全性，还提高了数据传输的可靠性，为供应链的每一个环节提供了安全的通信渠道。

3. 审计日志的生成与管理

通过记录所有关键操作和数据变更，审计日志为后续的追踪和合规性检查提供了详细的记录。这些日志不仅可以用于追溯数据的历史变更，还可以帮助识别和分析潜在的安全威胁和操作异常。通过对审计日志的定期审查，企业可以确保其操作符合相关法规和标准，从而降低合规风险。

4. 智能合约的引入

智能合约的引入为云服务供应链的透明性和可追溯性提供了新的解决方案。智能合约是一种自执行的合同，能够在满足特定条件时自动执行合约条款。通过减少人为干预，智能合约不仅提高了交易过程的效率，还确保了交易的透明性和可追溯性。每一个合约的执行都被记录在区块链上，使合约的履行过程公开透明，且可供所有相关方查阅。

5. 数据标签和元数据管理

数据标签和元数据管理通过对数据进行标记和分类，提升了数据的检索能力和追溯效率。通过为每一项数据分配特定的标签和元数据，企业可以更快速地查找到所需的数据，并了解其来源和变更历史。这种管理方式不仅提高了数据的使用效率，还为数据的合规性检查和审计提供了便利。通过对数据进行精细化管理，企业能够更好地掌控其数据资产，确保其供应链的透明性和可追溯性。

第二节　多租户环境中的资源优化

一、资源隔离与共享的策略分析

（一）动态分区技术的应用与实现

动态分区技术是一种通过虚拟化实现资源灵活分配与管理的方法，其在多租户环境中尤为重要。该技术的定义与基本原理着重于通过虚拟机或容器技术,将物理资源划分为多个独立的逻辑分区,从而实现资源的动态调配。这种方式不仅能有效利用硬件资源,还能在不同租户间实现资源的高效共享与隔离。这种资源管理方式不仅提高了资源利用率,还为各个租户提供了高度可定制的计算环境,满足其独特的需求。

实施动态分区技术需要经过一系列步骤,以确保资源的高效利用与性能优化。首先,资源监测是必不可少的,通过实时监控系统资源的使用情况,能够准确评估当前资源需求。其次,进行需求评估,以预测未来的资源需求变化。最后,自动化分配通过预设的策略,根据需求动态调整资源的分配。这一过程不仅能减少人工干预的需求,还能在资源需求波动时快速响应,确保系统的稳定运行。

在负载均衡中,动态分区技术的应用尤为显著。通过该技术,各租户在高峰期能够获得均衡的资源支持,避免了资源争夺导致的性能下降。动态分区通过实时监控和调整,能够根据当前负载情况动态调整资源分配,确保系统整体性能的提升。这种灵活的资源调度机制,使系统能够在不同负载条件下保持高效运行,提升用户体验。

动态分区技术在多租户环境中需特别关注安全性问题。确保不同租户间的数据隔离与操作独立,是防止信息泄露的关键。通过严格的访问控制和加密技术,可以有效防止未经授权的访问和数据泄露风险。此外,动态分区技术通过分区隔离,确保即使在同一物理服务器上运行的不同租户,其数据和操作仍能保持高度独立性,进一步提高系统的安全性。

(二)基于容器技术的资源隔离方案

基于容器技术的资源隔离方案通过创建独立的容器实例来确保不同租户的应用程序在相同物理硬件上安全运行,避免相互干扰。容器技术的核心在于其轻量级的虚拟化特性,这使每个容器都可以被视为一个独立的执行环境。每个租户的应用程序在其专属的容器中运行,确保了在共享硬件资源的情况下,各租户之间的应用不会因为资源争夺而产生干扰。这样的隔离方式不仅保障了应用的安全性,还提升了系统的稳定性和可靠性。

容器技术利用轻量级虚拟化实现快速部署和弹性扩展,使资源分配更加灵活,能够根据不同租户的需求动态调整资源使用。这一特性使服务提供商能够在资源使用高峰期灵活增加资源分配,而在需求降低时迅速释放不必要的资源。通过这种灵活的资源管理，容器技术不仅提高了资源利用效率，还降低了运营成本。此外，容器的快速启动和关闭能力，使应用程序的部署和更新过程更加高效，显著缩短了上线时间。

容器间的网络隔离机制通过虚拟网络和防火墙规则，确保不同租户之间的流量不互相干扰，增强了数据安全性。在多租户环境中，数据安全是首要考虑的问题。容器技术通过虚拟网络技术，为每个容器提供独立的网络空间，结合防火墙规则的应用，确保了租户间的数据流量被严格隔离。这种网络隔离机制不仅保护了租户的数据隐私，还防止了潜在的网络攻击和数据泄露风险，为多租户环境下的资源共享提供了坚实的安全保障。

基于容器的监控和管理工具能够实时跟踪各个容器的资源使用情况，帮助服务提供商及时发现并解决性能瓶颈。通过对容器资源使用的实时监控，服务提供商可以获取详细的资源使用报告，识别出可能的性能瓶颈和异常情况。这些工具不仅提供了资源使用的可视化，还支持自动化的警报和响应机制，使服务提供商能够在问题发生之前进行预防性维护，保障系统的高效运行和服务质量。

(三)资源共享中的访问控制策略

在多租户环境中，资源共享是一个复杂而关键的环节，访问控制策略的制定直接影响系统的安全性和稳定性。资源共享中的访问控制策略旨在确保多租户环境下各个租户的资源能够安全、高效地被访问和使用。

1.选择访问控制模型

常用的访问控制模型包括基于角色的访问控制和基于属性的访问控制。基于角色的访问控制通过角色的设置来管理用户权限，适用于权限相对稳定的环境；基于属性的访问控制则通过用户属性和环境条件来动态决定权限，适合更为复杂和动态的场景。不同的模型能够满足不同租户的安全需求，确保资源的共享不会导致安全漏洞。

2.实施细粒度的访问控制策略

细粒度的策略能够精确到具体的数据和资源，确保用户只能访问其被授权的部分，从而降低潜在的安全风险。这种策略需要结合租户的实际需求和资源的特点进行定制化设计，以达到既不影响用户体验，又能保障安全的效果。通过这种方式,多租户环境下的资源共享可以在不牺牲安全性的前提下实现更高的灵活性和可控性。

3.采用多因素身份验证机制

多因素身份验证机制通过要求用户提供多种不同类型的身份验证信息(如密码、指纹、动态验证码等),来提高访问控制的安全性。多因素身份验证不仅能有效防止未授权访问,还能大幅降低数据泄露的风险。它在资源共享中的应用,为多租户环境提供了更为坚实的安全保障。

4.定期审计访问权限

通过定期审计,可以及时发现并更新或撤销不再需要的权限,确保只有授权用户能够访问相关资源。这样的审计过程有助于识别潜在的安全隐患和权限滥用现象,进而采取相应的措施加以防范。定期的权限审计不仅是安全策略的重要组成部分,也是在合规性审查中不可或缺的环节。

5.建立访问控制日志记录机制

通过详细的日志记录,管理者可以跟踪和监控所有的访问活动,并在必要时进行后续的安全审查和事件响应。日志记录不仅有助于发现和分析安全事件,还有助于为优化访问控制策略提供数据支持。通过对日志的分析,可以更好地理解用户行为模式,从而不断完善访问控制策略,提高多租户环境下资源共享的安全性和效率。

二、弹性伸缩与资源调度优化

(一)自动化弹性伸缩机制的实现

自动化弹性伸缩机制强调通过监控系统负载和性能指标,自动调整资源分配以满足动态需求。这种机制的核心在于通过实时数据分析与智能决策,使资源的配置能够适应瞬息万变的业务需求。通过自动化的手段,云服务提供商能够在不增加人工干预的情况下,实现资源的动态调整,从而提高系统的灵活性和响应速度。这种自动化机制不仅提升了资源利用效率,还大幅度降低了人为操作带来的潜在风险。

实现自动化弹性伸缩的关键技术包括负载监测工具和自动化调度算法，这些技术是确保资源高效利用和及时响应的基础。负载监测工具通过对系统各项指标的实时监控，能够准确捕捉到系统负载的变化情况。自动化调度算法则根据这些监测数据，智能地调整资源分配策略，以达到最佳的资源使用效率。这种技术组合使系统能够在不影响用户体验的前提下，灵活应对负载波动，确保服务质量的稳定性和可靠性。

自动化弹性伸缩机制的触发条件是其有效运行的前提，这些条件通常包括CPU使用率、内存占用率和网络流量等关键性能指标。通过设定合理的触发阈值，系统能够在不同负载情况下快速调整资源配置。例如，当CPU使用率达到一定水平时，系统可以自动增加计算资源，以应对不断增长的处理需求。这种机制确保了在高峰负载期资源的快速扩展，以及在低负载期资源的及时释放，从而优化了整体资源管理。

（二）资源调度的智能化优化策略

1.引入机器学习技术

通过引入机器学习技术，系统可以分析历史数据和实时性能指标，从而自动优化资源分配。这不仅能提高系统的响应能力，还能在资源利用率和服务质量之间找到最佳平衡点。智能调度算法能够根据历史使用模式预测未来需求，从而提前调整资源配置，避免资源浪费和性能瓶颈。

2.基于用户需求预测的动态资源分配

通过结合数据分析与用户行为模型，系统能够实时调整资源以适应不同租户的使用模式。这种动态调整机制使资源分配更加高效，能够在短时间内响应用户需求的变化。尤其是在高峰期，系统可以迅速增加资源以满足用户的需求，在低谷期则可以减少资源分配以节省成本。这种灵活的资源管理方式使云服务提供商能够为用户提供更具竞争力的服务，同时提高了用户的满意度和忠诚度。

3.采用多层次负载监控机制

通过实时监测各租户的资源使用情况，系统可以根据负载情况智能调整资源调度策略。这种多层次的监控不仅能够确保服务质量,还能在资源紧张时优先保障关键任务的执行。负载监控机制的实施需要强大的数据处理能力和实时分析能力,以便在最短的时间内做出最优的资源调度决策。多层次负载监控机制的引入,为云服务的稳定性和可靠性提供了坚实的保障。

4.建设智能化调度平台

通过集成多种调度算法与策略,形成统一的资源管理界面,提升了资源调度的灵活性与效率。智能化调度平台不仅降低了资源管理的复杂性,还为系统管理员提供了更直观的操作界面,使资源调度的调整更加便捷。平台的智能化特性还体现在其自我学习和优化能力上,能够根据实际运行情况不断调整和优化自身的调度策略,以适应不断变化的用户需求和市场环境。

(三)基于负载预测的资源弹性管理

通过分析历史负载数据,可以有效预测未来的资源需求。这种方法不仅能提升资源配置的效率,还能动态调整资源以适应不断变化的负载需求。负载预测的精确性直接影响资源的高效利用,避免了因资源配置不当而导致的性能瓶颈或资源浪费。在多租户环境中,预测精度的提升尤为重要,因为它关系多个用户的服务质量和系统的整体稳定性。

在负载预测过程中,采用机器学习技术对负载变化进行实时监测是当前的主流趋势。通过自动生成负载预测模型,系统能够快速响应突发流量,确保服务的稳定性和可用性。这种自动化的预测机制不仅提高了响应速度,还减少了人为干预的需求,使系统能够在面对复杂和动态的工作负载时表现得更加游刃有余。这种技术的应用在云计算的高动态环境中尤为必要,因为它能够在瞬息万变的市场条件下提供持续的服务质量。

结合用户行为分析可以进一步优化资源分配策略,使资源调度更具针对性。通过深入理解用户的使用模式,系统可以更好地预测负载峰值和低谷,从而调整资源分配以提高用户体验和系统性能。用户行为分析提供了额外的上下文信息,使预测模型能够更准确地反映实际的资源需求。这样,云服务提供商可以在不影响服务质量的前提下,最大限度地利用其基础设施资源,提升整体运营效率。

智能调度系统的实施是实现基于负载预测的资源弹性管理的关键步骤。通过利用负载预测数据,智能调度系统能够动态调整资源,减少资源浪费,实现成本效益最大化。这种系统不仅能根据实时预测调整资源配置,还能在需要时快速扩展或缩减资源使用,从而在保证服务质量的同时优化成本。智能调度系统的应用,使云服务提供商能够在激烈的市场竞争中保持竞争优势,同时为用户提供了更高效、更可靠的服务体验。

(四)跨区域资源协调与调配

随着全球化业务的扩展,企业需要在不同地理位置之间高效分配和管理计算资源,以优化整体系统性能和响应速度。跨区域资源协调的基本原则包括在不同区域之间合理分配计算资源,确保每个区域的资源都能得到充分利用,同时避免资源浪费。这种协调不仅需要考虑各区域的资源供需平衡,还需要关注不同区域的法律法规和数据主权问题,以确保资源调配符合当地的政策要求。

基于实时数据分析的跨区域资源调配策略是实现动态资源管理的关键。通过对实时数据的分析,系统可以根据当前的负载和需求动态调整各区域的资源分配,从而提高资源利用率。这种策略要求系统具备强大的数据分析能力和快速响应能力,以便在需求变化时能够及时调整资源配置。通过使用机器学习和人工智能技术,系统可以预测未来的资源需求趋势,从而提前进行资源调配,避免因资源不足导致的性能下降。

在跨区域资源协调中,网络延迟管理是一个需要特别关注的问题。不同区域之间的网络性能往往存在差异,如何优化数据传输路径以降低延迟成为提升用户体验的关键。通过采用先进的网络优化技术和协议,系统可以有效地降低数据传输的延迟。此外,通过在各区域部署边缘计算节点,可以进一步提升数据处理的效率和响应速度,确保用户能够获得更流畅的服务体验。

多区域冗余与故障恢复机制是保障系统高可用性的重要手段。在某一区域发生故障时,系统必须能够迅速切换到其他区域的资源,以维持服务的连续性和可用性。这需要在各区域之间建立稳固的冗余机制和故障切换策略,确保在任何情况下都能快速恢复服务。通过定期的故障演练和自动化的故障检测与恢复流程,企业可以大幅降低因区域故障导致的业务中断风险,提升整体服务的可靠性。

三、资源使用监控与成本管理

(一)资源使用监控工具与技术

资源使用监控工具和技术不仅能够帮助企业实时跟踪和分析云资源的使用

情况,还能提升资源管理的效率和效果。这些工具的定义与功能主要体现在其能够提供实时数据,帮助管理者了解当前资源的使用状态。通过这些工具,企业可以更好地评估其资源配置的合理性,并在必要时进行调整,以确保资源的最佳利用率。尤其是在多租户环境中,资源使用监控工具的应用显得尤为重要,因为它能够帮助不同租户之间合理分配资源,避免资源争用和浪费。

1. 关键性能指标的设定

通过设定合理的关键性能指标,企业可以利用监控工具对资源使用效率和系统性能进行评估。这种评估不仅能识别系统中的瓶颈和不足,还能为资源配置的调整提供数据支持。关键性能指标的设定需要结合企业的业务需求和技术架构,以确保监控结果的准确性和可操作性。通过定期分析关键性能指标,企业可以及时调整资源配置,优化系统性能,提升用户体验。

2. 数据可视化技术的应用

通过图形化界面,管理人员可以直观地查看资源使用状态,快速识别潜在问题。数据可视化不仅提高了信息传递的效率,还降低了理解复杂数据的难度。这种技术的应用使管理人员能够在短时间内做出明智的决策,从而提升资源管理的响应速度和准确性。在多租户环境中,数据可视化技术的应用能够帮助管理人员在复杂的资源使用场景中快速定位问题。

3. 告警系统的建立

通过设置合理的阈值和规则,系统可以在资源使用异常时及时通知管理人员。这种实时告警机制有助于及时发现和处理潜在问题,确保系统的稳定运行。在多租户环境中,告警系统能够帮助管理人员在资源使用异常时迅速采取措施,避免对其他租户产生影响。告警系统的有效性在很大程度上取决于阈值和规则的合理设定,这需要结合具体的业务场景进行调整。

4. 集成化监控平台的构建

通过将多种监控工具整合于一个统一界面,管理人员可以更加高效地进行资源管理。集成化平台不仅简化了监控流程,还提高了数据的连贯性和准确性。在多租户环境中,集成化监控平台的应用可以显著提升资源管理的效率,因为它能够帮助管理人员在一个界面中查看所有租户的资源使用情况，快速做出优化决策。

（二）成本管理策略的实施与效果评估

1.建立详细的成本监控体系

通过详细的成本监控体系，企业能够实时跟踪云资源的使用情况和相关费用，确保各项支出透明可控。一个完善的成本监控体系不仅能帮助企业识别资源浪费，还能为管理层提供决策支持，确保资源的合理配置。此外，监控体系的实施还需要与企业的财务系统紧密结合，以实现数据的无缝对接和分析。

2.制定明确的预算和成本优化目标

企业通过设定具体的预算，可以更有效地分配资源，避免不必要的开支。明确的成本优化目标有助于企业在云服务的使用上实现投资回报最大化。通过对预算的严格管理，企业可以在云服务的采购和使用上保持灵活性，从而适应市场的变化和业务的发展需求。预算管理不只是财务部门的工作，它需要各个部门的协同合作，以确保预算的执行和优化目标的实现。

3.应用云成本管理工具和技术

云成本管理工具和技术的应用给企业的成本管理带来了新的可能性。通过自动化费用分析和报告生成，管理者能够及时识别成本异常，并进行针对性调整。这些工具通常具备强大的数据分析能力，可以帮助企业从海量数据中挖掘出有价值的信息，为成本优化提供依据。自动化工具的使用不仅提高了成本管理的效率，也降低了人工干预的错误率，从而提升了整体的管理水平。

4.定期评估和审计云服务的使用情况

定期评估和审计云服务的使用情况是确保成本管理策略有效性的必要步骤。通过比较实际支出与预算，企业可以及时发现偏差，并调整策略以适应不断变化的业务需求和市场环境。这种评估和审计不仅是对成本的控制，也是对资源使用效率的监控。通过对云服务使用情况的深入分析，企业可以优化资源配置，提高使用效率，降低运营成本。

5.培养团队的成本意识

培养团队的成本意识是提升成本管理效果的重要途径。通过培训和知识分享,各部门可以提高对云资源使用和成本管理的重视程度。成本意识的培养不仅能降低企业的整体成本,还能促进员工在工作中形成良好的资源使用习惯。通过建立成本管理的企业文化,企业可以在长期发展中保持竞争优势,实现可持续发展目标。

(三)资源利用率的优化与成本节约

通过优化资源配置策略,可以有效提升资源的使用效率。实时监控和分析用户需求是实现这一目标的关键。通过动态调整资源分配,云服务提供商能够在确保用户体验的同时,最大化资源的利用率。这种动态的资源管理不仅能满足不同用户的需求,还能在资源紧张时优先处理高优先级任务,从而提高整体服务的质量。

实施自动化管理工具是提升资源调度效率和准确性的有效手段。自动化工具能够减少对人工干预的依赖,通过智能算法和机器学习技术,实现资源的自动调配。这不仅降低了运营成本,还减少了人为错误的发生,提高了系统的稳定性和可靠性。通过自动化管理,云服务提供商能够更快地响应用户需求,确保资源的高效利用和服务的持续可用性。

采用容器化技术可以显著提高资源的灵活性和可扩展性。容器化允许应用程序及其依赖环境在一个独立的单元中运行,从而实现资源的高效使用和快速部署。相比传统的虚拟化技术,容器化技术能够更好地隔离资源,减少资源开销,并且支持微服务架构的实现。这种技术的应用,使云服务提供商能够更加灵活地管理资源,满足多样化的用户需求。

建立基于使用情况的计费模型是鼓励用户合理使用资源的重要策略。通过这种计费模式,用户会更加关注其资源的使用情况,从而避免不必要的浪费。这不仅能提升资源的使用效率,还能提高成本效益。用户在这种计费模式下,会主动优化其资源使用策略,以降低费用支出,同时推动了云服务市场的健康发展。

定期进行资源使用审计是识别低效使用资源的重要手段。通过审计,云服务提供商可以发现资源使用中的瓶颈和低效环节,并据此进行优化配置。这种做法不仅能够实现成本节约,还能提升系统的整体性能。通过不断的资源优化和调整,云服务提供商能够在激烈的市场竞争中保持优势,提供高效、稳定的服务。

第三节　云服务的自动化运维

一、自动化运维的基本概念与原则

(一)自动化运维的定义与重要性

自动化运维通过技术手段实现 IT 运维过程中的各项操作自动化,大幅提高了运维效率。自动化运维的核心在于利用脚本、工具和平台,自动执行日常的运维任务,如系统监控、数据备份和故障处理等。这种自动化的方式不仅加快了响应速度,还能在故障发生时迅速恢复系统功能,提高了系统的可用性和稳定性。此外,自动化运维通过标准化的流程,确保了操作的一致性和可重复性,这在复杂的 IT 环境中尤为重要,能够有效降低运维的复杂性。

自动化运维的重要方面是其在系统监控和分析中的应用。通过使用先进的监控工具,自动化运维能够实时跟踪系统的运行状态,及时发现潜在问题,并在问题影响系统正常运作之前进行解决。这种预防性的措施不仅减少了系统停机时间,还提升了整体用户体验。同时,自动化运维促进了资源的高效利用,通过动态调整资源分配来优化成本管理,使企业能够更好地应对不断变化的业务需求,从而保持竞争优势。

在企业实践中,自动化运维已经成为优化 IT 资源管理的重要手段。通过自动化技术,企业能够在不增加人力成本的情况下,提升运维效率和服务质量。这种技术的应用,不仅降低了人为错误的风险,还使企业在面对快速变化的市场环境时,能够迅速调整运维策略和资源配置,从而保持敏捷性和灵活性。自动化运维的实施,为企业的数字化转型提供了坚实的基础,帮助企业在激烈的市场竞争中脱颖而出。

(二)运维自动化流程的设计原则

第一,运维自动化流程的设计应遵循模块化设计原则,这一原则强调将复杂的系统分解为若干独立的功能模块。通过模块化设计,各个功能模块可以独立开发、测试和维护,这不仅提升了系统的灵活性,也增强了系统的可扩展性。模块化设计使运维团队能够在不影响整体系统运行的情况下,对单个模块进行升级或替换,从而提高了系统的适应能力和稳定性。

第二,运维自动化流程要具备可视化监控功能。通过可视化监控,运维团队可以实时跟踪系统的状态和性能表现。这种实时监控能力有助于快速识别系统中的潜在问题,并在问题演变为严重故障之前进行干预和解决。可视化监控不仅能提高运维效率,还能通过直观的图表和数据展示,为决策提供有力支持,使运维团队能够更好地预测和管理系统的负载和资源使用情况。

第三,运维自动化流程应支持版本控制,以确保每次变更都有详细的记录。版本控制系统能够记录每次修改的具体内容和时间,使运维团队能够轻松追踪历史操作。这种记录不仅便于了解系统的演变过程,还能在出现问题时快速回滚到之前的稳定状态,从而降低变更带来的风险。版本控制为运维流程提供了一个安全网,确保系统在面对未知风险时具备更高的恢复能力。

第四,在设计运维自动化流程时,安全性是不可忽视的考虑因素。敏感操作和数据的访问必须受到严格控制,以防止未授权访问和数据泄露。通过实施严格的权限管理和访问控制策略,运维团队可以确保只有经过授权的人员才能执行关键操作。安全性设计不仅保护了系统的完整性和机密性,还增强了用户对云服务的信任度。

第五,运维自动化流程应具备灵活的告警机制。灵活的告警机制能够根据系统状态和业务需求动态调整告警规则,确保在出现异常情况时,相关人员能够及时收到通知并采取适当措施。通过对告警规则的动态调整,运维团队可以避免告警泛滥或遗漏重要告警,从而提高异常处理的效率和准确性。告警机制的灵活性使系统能够更好地适应不断变化的业务环境和技术条件。

二、云服务监控与故障检测的自动化

(一)自动化监控框架的设计与实现

自动化监控框架的设计旨在通过模块化的方式实现对云服务状态的全面监控。首先,数据采集模块负责从各种来源收集系统运行数据,这些数据包括服务器性能、网络流量及用户访问行为等。它是整个监控框架的基础,确保数据的实时性和准确性。其次,分析模块对收集的数据进行处理和分析,运用大数据分析技术,识别出潜在的性能瓶颈和异常行为。最后,告警模块根据分析结果,生成告警信息并通知运维人员,以便他们能及时采取措施,防止故障扩大化。这一框架的实现需要结合云计算的分布式特性,确保系统的高可用性和可扩展性。

自动化监控框架的组件设计中,数据采集模块、分析模块和告警模块各自发挥着重要作用。数据采集模块通过分布式代理程序,实时从各个节点获取系统状态数据,确保数据的完整性和一致性。分析模块则利用机器学习算法,对海量数据进行模式识别和趋势分析,预测可能的故障点和性能下降趋势。告警模块通过设定合理的阈值和告警规则,对异常情况进行自动识别,并触发相应的响应措施,如自动重启服务或调整资源分配。这样的设计不仅提高了监控的效率和准确性,还减少了人工干预的需求,使运维工作更加智能化和自动化。

在自动化监控框架中,实时数据流处理技术的应用尤为关键。该技术能够处理和分析来自不同数据源的海量实时数据,确保监控系统能够快速响应变化。通过流处理技术,系统可以在毫秒级别内检测到性能异常或资源耗尽等问题,并立即采取相应的措施。这种技术的应用不仅提高了系统的响应速度,还增强了系统的可靠性和稳定性。运维团队可以通过实时数据流处理技术,快速识别和解决潜在问题,确保云服务的连续性和用户体验的优化。

可视化监控界面的构建是实现系统状态直观展示的重要手段。该界面通过图形化的方式,将复杂的系统性能指标和状态信息展示给运维人员。运维团队可以通过可视化界面,实时监控系统的运行状态,识别性能瓶颈和异常情况。界面设计需要考虑用户体验,确保信息的清晰和易于理解。通过可视化界面,运维人员能够快速对系统变化做出响应,优化资源配置,提高系统的整体性能和稳定性。

(二)智能故障检测算法

智能故障检测算法通过机器学习技术分析历史性能数据,识别出服务的正常运行模式,从而能有效地检测到异常行为。智能故障检测算法能够从大量的数据中学习,并识别出隐藏的模式和趋势。这种能力使云服务能够在问题发生之前预见潜在的故障,从而提高系统的可靠性和可用性。智能故障检测算法的应用,不仅提升了故障检测的效率,也减少了运维人员大量的手动干预和判断工作。

利用深度学习模型,智能故障检测算法可以处理复杂的非线性数据关系,提升故障预测的准确性和及时性。深度学习模型通过多层神经网络结构,能够捕获数据中的复杂特征和模式,从而在海量数据中识别出微小的异常。随着数据规模的不断扩大和计算能力的提升,深度学习在智能故障检测中的应用变得愈发广泛。这种技术不仅能够提高故障检测的精度,还能在故障发生前提供预警信息,帮助运维团队提前采取措施,避免服务中断和用户体验的下降。

基于规则的智能故障检测算法结合了专家知识,通过设定阈值和规则来快速识别潜在故障,适用于特定场景的监控需求。这类算法通常依赖领域专家的经验和知识,设定一系列的监控规则和阈值,以便在系统运行中快速识别偏离正常行为的现象。尽管这种方法在灵活性和自适应性上可能不如机器学习和深度学习算法,但在某些特定的应用场景中,它们提供了一种快速且有效的解决方案。这种结合专家知识的规则算法,能够在特定条件下提供快速响应,确保系统的稳定运行。

智能故障检测算法能够实现自我学习和适应,通过持续监控和反馈机制不断优化检测模型,提升系统的智能化水平。这种自适应能力使算法可以根据环境和数据的变化不断调整自身,保持高效的故障检测能力。通过引入反馈机制,智能故障检测算法可以从每一次的故障检测中学习,逐步提高检测的准确性和效率。这种自我优化的过程不仅减少了人为干预的需求,还增强了系统对未知故障的识别能力,为云服务运维提供了强有力的支持。

(三)事件驱动的告警管理机制

事件驱动的告警管理机制是一种通过实时监测系统状态,自动生成告警的技术手段,旨在提高故障响应的及时性和准确性。在现代云计算环境中,系统组件的复杂性和相互依赖性不断增加,传统的手动监控方式已难以满足高效运维的需求。事件驱动的告警管理机制能够在检测到异常事件时,立即触发告警,从而缩短故障发现和响应的时间。这种机制不仅能提高系统的可靠性,还能够显著降低因故障导致的业务中断风险。

告警管理机制的有效性在于其灵活的阈值设置能力,使其能够根据不同的业务需求和系统状态动态调整告警标准。通过对系统运行状况的持续监测,运维人员可以设定合理的阈值,以便在系统出现异常时及时获得告警信息。不同业务场景对系统性能和稳定性有着不同的要求,因此灵活的阈值设置能力是实现精准告警管理的关键。此外,动态调整告警标准还能够帮助运维团队适应不断变化的业务环境,确保系统的稳定运行。

为了确保相关人员能够快速获取告警信息,事件驱动的告警管理机制需要集成多种告警渠道,如短信、邮件、应用内通知等。这种多渠道告警方式可以覆盖不同的接收终端,确保在任何情况下,相关人员都能及时接收到告警信息。快速的告警传递不仅能提高故障处理效率,还能够帮助运维团队在问题扩大化之前采取有效措施,减少对业务的影响。多渠道告警的集成也提高了信息传递的可靠性,避免因单一渠道故障导致告警信息延误。

通过数据分析与机器学习技术,告警管理机制可以不断优化告警规则,减少误报和漏报,提高告警的有效性和实用性。传统的告警机制往往存在误报率高的问题,导致运维人员疲于应对无效告警,影响了故障处理效率。通过分析历史告警数据和系统运行日志,机器学习算法能够识别出常见的误报模式,并自动调整告警规则,以减少不必要的告警。同时,智能化的告警管理能够预测潜在的系统故障,提前发出预警,帮助运维团队采取预防性措施,提高系统的整体稳定性。

(四)自动化问题排查与解决流程

自动化问题排查与解决流程的设计旨在确保系统能够在故障发生时迅速启动排查机制,系统化地识别问题源头。在云计算环境中,故障的复杂性和多样性使传统的手动排查方法难以满足高效运维的要求。因此,设计一个高效的自动化问题排查流程,不仅能显著提升运维效率,还能有效降低系统停机时间,保障服务的连续性和稳定性。

1.集成多种监控工具

通过利用实时数据分析和历史记录,运维人员能够快速定位故障发生的具体环节。这种多层次的监控体系能够提供全面的系统状态视图,使问题排查过程更加直观和高效。此外,实时数据分析的能力使系统能够在问题初现时就进行预警,从而在问题扩散之前及时干预,防止小故障演变为大问题。

2.建立标准化的故障处理流程

标准化流程确保在问题排查后,能够按照既定步骤进行修复和恢复,减少人为差错的发生。这不仅提高了问题解决的效率,还为运维团队提供了一个可参考的操作框架,使新成员能够快速上手并参与故障处理过程。标准化流程的实施还能够有效减少因经验不足或操作失误导致的二次故障。

3. 实施反馈机制

从每次故障排查和解决中提取经验教训,能够帮助运维团队识别流程中的薄弱环节并进行针对性优化。通过不断的反馈和改进,自动化流程能够逐步完善,适应不断变化的云环境需求。这种持续优化的过程不仅提高了系统的稳定性和可靠性,还为企业的云服务运维提供了宝贵的经验积累。

三、自动化配置管理与部署的最佳实践

(一)基础架构即代码的实现方法

基础架构即代码的核心理念在于通过代码化的方式管理和配置基础设施,使运维团队可以利用版本控制系统对基础设施的变更进行管理。这种方法不仅提高了基础设施管理的透明度,还增强了变更的可追溯性和可控性。通过将基础设施配置视为软件代码,运维人员能够更有效地应用软件工程中的最佳实践,从而提高整体运维效率和可靠性。

基础架构即代码的实现通常依赖配置管理工具,这些工具可以自动化服务器配置和应用程序部署,确保环境的一致性和可重复性。这些工具通过定义配置文件或脚本,描述出服务器的期望状态,然后自动执行这些配置任务,减少人工干预和人为错误。此外,这些工具还支持多平台的环境管理,使在不同的操作系统和云平台上实现统一的配置成为可能。

运维团队可以借助模板化工具,快速创建和管理云资源。这些工具提供了一种声明性的方法来定义基础设施,支持跨多个云平台的资源管理。这种方法不仅简化了资源的创建和管理流程,还允许团队在不同的云环境中保持一致的基础设施配置。此外,模板化工具的使用使基础设施的扩展和缩减变得更加灵活和高效,支持企业根据业务需求快速调整资源。

基础架构即代码强调测试驱动的开发流程,允许运维团队在部署之前对基础设施配置进行自动化测试。这些测试确保基础设施配置符合预期的规范和安全标准,降低了部署过程中出现故障的风险。通过在开发阶段进行全面的自动化测试,团队可以在正式部署之前识别并解决潜在问题,从而提高系统的稳定性和安全性。这种测试驱动的方法不仅提升了运维效率,还增强了企业在快速变化的市

场环境中的竞争力。

(二)云原生配置管理工具的选择

选择合适的云原生配置管理工具需要根据项目的具体需求进行评估，特别是要考虑其对目标云平台、编程语言和框架的支持程度，以确保与现有技术栈的兼容性。这种兼容性不仅能降低集成难度，还能减少因技术不匹配而带来的潜在风险，从而在项目实施过程中提供更高的灵活性和稳定性。因此，深入了解项目需求，结合技术栈的特性，进行全面的工具评估，是实现高效自动化运维的基础。

在选择云原生配置管理工具时，社区支持和文档质量是两个重要的考量因素。一个活跃的社区意味着工具在发展过程中能够持续获得更新和改进，同时意味着遇到问题时可以快速获得帮助。高质量的文档则是用户学习和使用工具的基础，它能够大幅缩短学习曲线，提高团队的工作效率。通过对社区活跃度和文档全面性的评估，确保所选工具不仅在技术上是合适的，也在使用上是便捷的，从而为自动化运维的顺利实施提供可靠的保障。

自动化能力是选择云原生配置管理工具的核心关注点。具备自动化部署、更新和回滚功能的工具能够显著提高运维效率，减少人为错误。这些功能不仅简化了运维流程，还提升了系统的稳定性和安全性。在快速变化的云环境中，自动化能力的强弱直接影响运维团队响应变化和处理突发事件的能力。因此，选择具备强大自动化能力的工具是提高运维效率和系统可靠性的关键。

工具的可扩展性与集成能力是选择云原生配置管理工具时不可忽视的因素。一个具有良好扩展性和集成能力的工具能够无缝融入现有的持续集成和持续交付流程、监控系统及其他运维工具中，形成一个高效协作的运维生态系统。这种集成能力不仅能提高整体运维效率，还能增强系统的可管理性和可维护性。

(三)自动化部署流水线的构建

在现代云服务的管理中，自动化部署流水线的设计应遵循持续集成与持续交付的原则，以实现软件开发与运维的无缝衔接。这种方法能够确保代码的快速测试与部署，大幅缩短开发周期，提高软件交付的速度与质量。通过持续集成与持续交付原则的应用，开发团队可以在代码提交后自动进行构建、测试和部署，减少人为干预，从而降低错误发生的概率，提升系统的稳定性。

构建自动化部署流水线时,集成版本控制系统是必不可少的环节。版本控制系统不仅便于管理代码变更历史,还支持回滚和协作开发,极大地提高了团队的开发效率。在团队开发环境中,版本控制系统能够记录每一次变更,确保所有开发人员对项目的当前状态有清晰的了解。这种透明性和可追溯性使团队在发生问题时,能够迅速定位和解决问题,保障开发进程的顺利进行。此外,版本控制系统的集成也为代码审查和质量控制提供了便利。

自动化部署流水线的设计需配置多环境支持,包括开发、测试和生产环境。这种多环境配置能够确保其在不同环境中进行充分的测试,减少部署风险。开发环境主要用于开发人员的日常开发工作;测试环境则用于功能验证和性能测试,确保代码在生产环境中的稳定性和可靠性;生产环境是最终用户使用的环境,因此在上线前,必须在前两个环境中进行严格的测试,以识别和修复潜在问题,保障最终用户的体验。

(四)配置变更的自动化审核与版本控制

在现代云计算环境中,自动化审核流程的设计需要通过设定明确的规则和标准来实现,这些规则和标准能够确保每次配置变更都经过预先定义的审核步骤。这种设计不仅能降低人为错误的风险,还能在很大程度上提升系统的可靠性。通过自动化审核,企业可以有效地减少由于配置错误导致的系统故障,同时确保变更的合规性和可追溯性。

版本控制系统在配置管理中扮演着关键角色。借助于工具如 Git,团队能够对配置变更的历史记录进行详细跟踪。这种跟踪功能不仅支持快速回滚和变更比较,还能显著提升管理效率。通过版本控制,团队可以轻松识别问题根源,比较当前配置与历史版本之间的差异,并在必要时快速恢复到先前的稳定状态。这种能力对于动态变化的云环境尤为重要,能够确保系统在变更过程中保持高可用性。

为了增强配置变更的协调性和透明度,建立变更通知机制是必要的。该机制应确保所有相关人员在配置变更时及时收到通知,从而减少潜在的冲突。通知机制的设计可以通过多种渠道实现,如电子邮件、即时通信工具等,以确保信息的快速传递。通过这种方式,团队成员能够实时了解系统状态,及时响应变更请求,并在必要时进行协作和调整,从而提高整体运维效率。

集成自动化测试是配置变更管理中的一项关键实践。每次配置变更后,自动化测试能够迅速验证变更的正确性，确保其不会引入新问题或影响现有系统功能。自动化测试的应用不仅提高了测试效率，还减少了人工测试的工作量。通过这种方式，企业能够在变更后使配置快速部署到生产环境，缩短开发周期，同时维持系统的高稳定性和可靠性。这种实践在快速迭代和持续交付的开发模式中尤为重要。

四、智能化运维工具与技术的应用

(一)智能化运维工具的选择与集成

在智能化运维工具的选择过程中，需要进行功能需求分析，确保工具能够满足自动化监控、故障检测和资源管理等多方面的需求。这些功能是云服务运维的核心，能够帮助运维团队实时掌握系统状态，快速识别和解决潜在问题，从而保障服务的稳定性和可靠性。此外，智能化运维工具的可扩展性也是一个重要考量因素。随着技术的不断发展和业务需求的变化，智能化运维工具需要具备灵活适应的能力和扩展功能，以便在未来的运维中继续发挥作用。这样的可扩展性不仅能够保护企业的投资，还能支持其在快速变化的市场环境中保持竞争力。

智能化运维工具的用户友好性是选择过程中的一个关键因素。工具的界面设计和操作流程需要易于理解和使用，以确保运维团队能够快速上手并有效利用这些工具。这种用户友好性不仅能够缩短工具的学习曲线，还能提高整体工作效率，使运维团队能够将更多的精力投入更具战略性的任务中。此外，选择具备良好社区支持和文档资源的智能化运维工具也尤为重要。强大的社区支持意味着在遇到技术难题时，团队可以迅速获得帮助和解决方案，丰富的文档资源则有助于团队成员的持续学习和技能提升，从而不断优化运维过程。

在智能化运维工具的选择与集成过程中，整合工具与现有的 IT 基础设施和工作流程是必不可少的步骤。工具的无缝集成能够提高运维过程的整体效率和协同能力，使各个系统和流程能够更好地协作，避免信息孤岛的产生。通过有效的整合，运维团队能够在一个统一的平台上管理和监控所有的 IT 资源，简化操作流程，减少人为错误的发生。这种整合不仅能够提高运维效率，还能给企业带来更高的业务价值，支持其在数字化转型中的持续发展。

(二)机器学习在自动化运维中的应用

在云计算与分布式系统中,机器学习能够通过分析海量的历史数据,提高故障预测的准确性。这一技术通过识别潜在问题,允许系统在问题发生之前采取预防措施,从而大幅减少故障时间和降低维护成本。

智能化监控是机器学习在自动化运维中的一重要应用。通过机器学习算法,系统能够实时分析性能指标,快速识别异常情况。传统的监控方式通常依赖预设的规则,机器学习则通过数据驱动的方法,能够更灵活地适应动态变化的环境。这种实时监控能力使系统可以在问题出现的瞬间进行响应,极大地缩短了故障响应时间。

在资源管理方面,机器学习技术的应用极为关键。通过对用户行为和使用模式的分析,机器学习可以实现资源的动态调整。这种优化不仅提高了资源的利用效率,还改善了系统的整体性能。特别是在资源需求波动较大的场景中,机器学习的动态调整能力能够有效降低资源浪费,同时保证系统的高效运转。

机器学习赋予了自动化运维系统自我学习与适应的能力。通过持续优化故障检测模型,系统能够逐步提升智能化水平。这种自我学习的能力使运维系统能够应对不断变化的环境和需求,保持持久的高效性和稳定性。这一特性对于复杂的分布式系统尤为重要,因为它能够减少人工干预,降低运维成本。

机器学习在自动化运维中的应用体现在智能化告警管理上。通过分析历史数据,机器学习能够自动调整告警阈值,减少误报和漏报。这种智能化的告警管理提高了告警的有效性,使运维人员能够更专注于真正需要关注的问题,从而提高了运维工作的整体效率。这种能力在复杂的系统环境中尤为重要,因为它能够帮助运维团队更好地管理和优化系统性能。

(三)基于人工智能的运维决策支持系统

在现代云计算环境中,基于人工智能的运维决策支持系统通过先进的数据分析和模式识别技术,能够实时监控云服务的运行状态,快速识别潜在的故障和性能瓶颈。这种实时监控能力不仅提高了系统的可靠性,还为运维人员提供了及时的故障预警和解决方案,确保云服务的稳定性和高效性。随着云服务规模的扩大和复杂度的增加,传统的运维方式已无法满足现代企业对高效运维的需求,基于人工智能的运维决策支持系统的应用显得尤为重要。

基于人工智能的运维决策支持系统通过机器学习算法的应用，能够自动优化资源配置和负载均衡。通过分析历史数据和当前系统状态，系统可以预测未来的资源需求，动态调整资源分配策略，提高云服务的性能和用户体验。这种自动化的资源管理不仅减少了人工干预的需求，还减少了资源浪费，提升了整体运维效率。

为了进一步提高告警的准确性和有效性，运维决策支持系统集成了智能化告警机制。通过分析历史数据，系统能够自动调整告警阈值，减少误报和漏报的发生。这种智能化的告警机制能够帮助运维人员更迅速地响应真正的故障，避免因误报而浪费资源和时间。随着云服务的复杂性增加，传统的固定阈值告警机制已经无法满足需求，智能化告警机制的引入给运维管理带来了新的可能性。

通过自然语言处理技术，基于人工智能的运维决策支持系统能够分析运维人员的反馈和日志数据，生成智能化的运维报告和决策建议。这些报告不仅帮助运维团队更好地理解系统运行状态，还为管理层提供了决策支持，帮助其做出更明智的决策。通过对大量运维数据的分析和总结，系统能够识别出潜在的优化机会和风险点，为企业的运维战略提供有力支持。

第四节　混合云和多云策略的实施

一、混合云和多云的概念

(一)混合云的定义

混合云是指将公共云和私有云结合在一起的云计算环境，这种结合允许数据和应用程序在两者之间进行无缝的共享和迁移。混合云架构的一个显著优势是其灵活性。企业可以根据不同的业务需求，选择在公共云或私有云中运行特定的应用程序和存储数据。这种灵活性不仅提高了资源的利用效率，还允许企业在面对不断变化的市场需求时，能够迅速调整其IT基础设施，以保持竞争力。

通过混合云架构，企业能够有效提高资源利用率。它允许企业动态调整和分配资源，尤其是在高峰期，通过这种方式，企业能够有效应对负载变化，避免资源浪费或资源不足的情况。混合云策略的实施使企业能够在需要时迅速扩展其计算能力和存储容量,而无须进行大规模的硬件投资。这不仅节省了成本,还提高了企业的运营效率,使其能够更灵活地应对市场变化和客户需求。

混合云策略在增强业务连续性和灾难恢复能力方面也表现出色。企业可以选择在私有云中存储敏感数据,以确保数据的安全性和合规性,同时利用公共云的弹性来处理大规模数据和计算任务。这种策略不仅提高了数据的安全性,还确保了在发生意外事件时,业务能够迅速恢复和继续运行。通过混合云,企业能够实现更高效的灾难恢复计划,确保业务的持续性和稳定性,从而增强其市场竞争力和客户满意度。

(二)多云架构的特点与实现

多云架构的特点在于其灵活性和适应性,这使企业能够在多个云服务提供商之间自由选择和配置资源,以满足不同应用和服务的需求。这样一来,企业可以根据自身业务的变化和发展,动态调整其云服务组合,从而实现更高的业务灵活性。这种架构不仅支持多样化的应用场景,还能够通过不同的云平台提供不同的服务,以便更好地适应市场的快速变化和技术的不断演进。

通过采用多云架构,企业能够有效避免对单一云服务提供商的过度依赖,从而降低潜在的供应链风险。多云策略的实施可以提高服务的可靠性和可用性,因为在一个云服务出现故障时,其他云服务可以继续提供支持,确保业务的连续性。此外,多云架构还赋予企业更大的谈判能力和选择权,使其能够在不同的云服务提供商之间进行比较和选择,以获得最佳的服务和定价。

多云架构支持跨云环境的数据和应用集成。这种集成能力促进了资源的高效利用和信息流动,使企业能够在不同云平台之间共享数据和应用,提高整体业务流程的协同效率。通过有效的跨云集成,企业可以实现更高的运营效率,并在数据分析和业务洞察方面获得更大的优势,从而在竞争激烈的市场中占据有利地位。

在多云架构中,企业能够根据不同云平台的优势进行优化配置,灵活调配计算、存储和网络资源,以实现最佳的性能和成本效益。通过对各个云平台的特性和优势进行深入分析,企业可以制订出最优的资源配置方案,从而在性能和成本之间取得平衡。这种策略不仅能够提高资源的利用效率,还能够显著降低运营成本,使企业在激烈的市场竞争中保持竞争力。

（三）混合云与多云的协同优势

混合云与多云的协同优势在于其能够优化资源分配，使企业能够灵活应对多变的市场需求。在混合云与多云架构下，企业可以根据具体应用需求在公共云和私有云之间动态调配资源。这种灵活性不仅提升了性能，还能有效控制成本，从而实现最佳的性能和成本效益。通过这种方式，企业能够在资源利用方面更加高效，避免资源浪费，同时能根据业务需求的变化及时调整资源配置，确保运作的高效和经济性。

混合云与多云的结合显著增强了企业的业务连续性和灾难恢复能力。在面对突发事件时，企业可以快速切换到其他云环境以确保服务不间断。这种高水平的弹性和冗余设计，使企业能够在最短时间内恢复关键业务，减少因服务中断带来的损失。通过在多个云环境中分布关键应用和数据，企业能够构建更为稳健的IT基础设施，从而提高整体业务的可靠性和稳定性。

混合云与多云策略还促进了数据的灵活存储和处理，企业可以根据数据敏感性选择在私有云或公共云中存储。这种策略不仅优化了数据管理，还增强了合规性，确保数据在传输和存储过程中符合相关法律法规。通过在不同云环境中灵活管理数据，企业能够实现更高效的数据处理和存储策略，降低数据泄露风险，并提高数据使用效率。

混合云与多云的协同增强了企业的创新能力。企业可以在不同云平台上测试和部署新应用，快速适应市场变化，提升竞争优势。这种灵活的开发和部署环境，允许企业在不同的云平台上进行实验和创新，从而加速产品开发周期，缩短上市时间。通过充分利用各个平台的优势，企业能够探索更多创新机会，提升市场竞争力。

二、混合云和多云策略的选择与规划

（一）混合云和多云策略的差异化分析

混合云策略主要关注在公共云和私有云之间实现灵活的数据和应用程序迁移，以此来满足企业对数据安全性和处理能力的双重需求。这种策略能够让企业在保持数据高度安全的同时,充分利用公共云的计算能力和存储资源。因此,混合云架构通常适用于那些对数据合规性和保护有严格要求的行业,如金融、医疗等。这些行业需要确保数据的隐私和安全,同时需要具备处理大量数据的能力,以支持其复杂的业务需求。

多云策略允许企业从多个云服务提供商那里获取特定的优势,以实现更高的资源利用率,并有效避免单一供应商锁定的风险。通过这种策略,企业可以根据自身需求,灵活选择不同云提供商的服务,从而在成本、性能和功能等方面获得最优的组合。这种策略特别适合于快速扩展和灵活配置的业务场景,如互联网公司和初创企业,它们需要在短时间内快速响应市场变化,并根据业务需求动态调整资源配置。

在资源管理方面,混合云和多云策略各有侧重。混合云策略侧重于优化私有云与公共云的结合,确保在两者之间实现无缝的数据和应用程序迁移,从而提高整体效率和安全性。多云策略则强调在多个云环境中实现资源的最佳分配和调度,通过利用不同云服务提供商的特长,企业可以在不同的工作负载和应用场景中实现最优的资源配置。这种差异化的资源管理方式,使企业能够更好地应对复杂多变的市场环境,提升其竞争力和创新能力。

(二)多云管理平台的选择

在多云环境下,企业需要一个强大的管理平台来监控、调度和管理分布在不同云服务提供商上的资源。

1.功能需求

一个理想的多云管理平台应具备全面的资源监控能力,能够实时跟踪不同云环境中的资源使用情况,并提供智能化的调度方案,以优化资源分配,确保企业运营的高效性和灵活性。此外,平台还需具备强大的管理功能,支持多维度的资源管理和策略制定,以满足企业复杂多变的运营需求。

2.兼容性

企业现有的云服务提供商和技术栈通常已经建立起成熟的生态系统,多云管理平台需要与这些现有系统无缝集成,以减少迁移和实施的成本和风险。兼容性良好的平台能够与企业现有的基础设施和应用程序顺利对接,确保在实施过程中不影响业务的连续性和稳定性。通过对平台兼容性的深入评估，企业可以避免因技术不兼容而导致的额外开销和实施困难。

3.用户体验

一个界面友好、操作简单的平台能够大幅提升运维团队的工作效率。良好的用户体验不仅体现在直观的界面设计上，还包括平台的易用性和功能的可及性。对于运维团队，快速上手并熟练操作平台是提高工作效率的关键。因此，选择一个能够提供清晰导航和简便操作的多云管理工具，有助于缩短学习曲线，提升团队的整体工作效能。

4.安全性评估

多云管理平台应具备强大的数据保护和访问控制机制，以防止潜在的安全威胁和数据泄露。安全性评估不仅包括对平台本身的安全功能的检查，还需考虑平台在不同云环境中执行安全策略的能力。通过严格的安全性评估，企业可以确保其多云环境下的数据安全和业务连续性，为企业的长远发展提供坚实的保障。

（三）混合云整合方案的设计与实施

混合云整合方案的设计与实施需要从企业的业务需求和 IT 基础设施出发，进行全面的需求分析。这一过程不仅要考虑现有的业务目标，还要预见未来的发展方向，以确保整合方案的长期适用性。企业在设计混合云整合方案时，必须明确其业务目标及 IT 需求的优先级，确保方案在满足当前需求的同时，具备足够的灵活性以应对未来可能的变化。通过对业务需求的深入分析，企业能够设计出更具针对性的整合方案，从而支持其业务的持续增长和创新。

在设计混合云整合方案时，数据迁移与同步机制是关键的考量因素之一。企业需要确保在公共云和私有云之间的数据流动能够高效且安全地进行，以避免数据孤岛的出现。数据孤岛不仅会导致信息不对称，还可能增加管理复杂性和安全风险。因此，企业应设计可靠的数据迁移策略，采用先进的同步技术，以保障数据在不同云环境中的一致性和可用性。此外，制定数据治理政策，明确数据管理的责任和流程，也是实现高效数据流动的必要步骤。

整合方案的有效实施离不开一个统一的管理平台，该平台能够对混合云环境中的各类资源进行集中监控和管理。通过建立这样的管理平台，企业可以大幅提高运维效率和资源利用率,降低运营成本。统一管理平台应具备自动化运维、实时监控、资源分配优化等功能,帮助企业及时发现并解决潜在问题,优化资源配置,实现对混合云环境的全面掌控。同时,企业应定期评估管理平台的性能和功能,确保其在快速变化的技术环境中保持领先。

在实施混合云整合方案时,制定详细的安全策略和合规性措施是必不可少的。企业需要保护数据隐私,并确保其操作符合相关法律法规的要求。安全策略应包括数据加密、访问控制、身份验证等措施,以防止数据泄露和未经授权的访问。此外,企业还需关注合规性问题,确保其云服务的使用符合行业标准和法律要求。通过建立完善的安全和合规机制,企业能够有效降低风险,增强对混合云环境的信任和依赖。

三、混合云和多云环境的集成与协同

(一)跨云通信与互操作性

在现代企业环境中,随着云计算的普及,企业往往选择多家云服务提供商以满足不同的业务需求,这就要求在不同云平台之间实现高效的数据交换和互操作。跨云通信的标准化协议是确保不同云服务提供商之间能够实现无缝数据交换的基础。通过采用统一的通信协议,不仅能提高数据传输的效率,还能减少由于协议不兼容导致的数据丢失和误解。这种标准化的努力有助于构建一个更加开放和互联的云计算生态系统,使企业能够灵活选择和组合不同的云服务。

利用 API 网关技术是简化跨云服务访问和管理的有效方法。API 网关作为一个中介层,可以有效地管理不同云服务之间的通信,提供统一的接口以简化开发和运维工作。通过 API 网关,企业可以实现跨云环境的灵活集成,增强系统的可扩展性。这种技术不仅降低了开发人员的复杂度,还提高了系统的响应速度和可靠性。在多云环境中,API 网关可以帮助企业实现更高效的资源管理和服务调度,从而提高整体业务的敏捷性和竞争力。

数据格式的统一与转换机制在跨云环境中同样重要。不同的云服务提供商可能使用不同的数据格式,因此,统一数据格式和提供有效的转换机制可以确保数据在不同云环境中被正确理解和处理。这种机制的建立可以有效避免信息孤岛的形成,促进数据的共享和协同工作。在实际应用中,企业可以借助中间件技术来实现数据格式的转换和标准化，从而提高跨云数据交换的效率和准确性。

跨云环境中的安全策略与认证机制是保障数据安全性与完整性的关键措施。在数据传输过程中，安全性是企业最为关注的问题之一。通过建立健全的安全策略和认证机制，可以有效防止数据泄露和篡改，增强用户对云服务的信任。企业需要采用先进的加密技术和认证协议，以确保数据在跨云传输中的安全性。此外，定期的安全审计和风险评估也是保障云环境安全的重要手段，有助于及时发现和修补潜在的安全漏洞。

(二)资源与服务的统一管理

在混合云和多云环境中，通过构建统一管理平台，可以实现对各个云环境中的资源和服务的集中管理。这种集中化的管理方式不仅提升了管理效率，还确保了操作的一致性，减少了由于不同管理工具和接口带来的复杂性。这种平台通常需要具备自动化的管理能力，以便快速响应业务需求的变化，动态调整资源分配，确保企业在多云环境中的灵活性和敏捷性。

跨云服务的资源调度策略是实现资源高效分配与优化利用的核心手段。在多云环境中，各云平台的资源优势和特性各不相同。通过合理的资源调度策略，可以在不同云平台之间实现资源的最佳分配，避免资源闲置或过度使用。这不仅能降低运营成本，还能提升系统的整体性能和可靠性。调度策略的设计需要考虑各云平台的异构性及业务需求的多样性，确保资源能够在合适的时间和地点得到最优的利用。

服务目录的建立与维护是为用户提供清晰服务访问路径的基础。一个完善的服务目录能够为用户提供标准化的服务请求流程，优化用户的操作体验，同时为管理者提供了服务监控和优化的依据。服务目录的设计需要考虑用户需求的多样性和服务的复杂性，确保用户能够方便地找到所需服务并快速发起请求。维护一个动态更新的服务目录也是管理者的一项重要任务，以适应不断变化的业务环境和技术发展。

(三)安全与合规的集成策略

在混合云和多云环境中，建立统一的安全策略框架尤为重要，这一框架必须涵盖数据和应用的访问控制、身份验证及数据保护措施，确保其在不同云平台上的一致性。通过这种统一的安全策略框架,组织能够有效地管理和监控其在混合云和多云环境中的资源,减少因不一致而导致的安全漏洞。此外,统一的框架有助于在各个云平台之间实现无缝协作,提升整体安全性。

合规性审核机制的实施是管理混合云和多云环境中合规风险的关键步骤。定期评估云服务提供商的合规性,确保其遵循相关法律法规和行业标准,可以显著降低法律风险。通过合规性审核,组织能够识别潜在的合规性问题,并在问题发生之前进行纠正。这种审核机制不仅能维护组织的声誉,还能增强客户和合作伙伴对其云服务的信任。同时,合规性审核推动了云服务提供商不断提升其服务质量,以满足客户的合规需求。

在混合云和多云环境中,数据的安全传输是一个重要的挑战。采用数据加密和安全传输协议,确保在不同云环境之间数据传输的机密性和完整性,是防止数据泄露和篡改的有效手段。通过加密技术,数据在传输过程中被保护,即使数据传输被截获,也难以被解读。此外,安全传输协议的使用确保了数据在传输途中的完整性,防止数据被恶意篡改,从而保障了数据的可靠性和安全性。

建立跨云环境的安全事件响应机制,可以确保在发生安全事件时,各云平台能够迅速协调响应,减少潜在损失和影响。这一机制的核心在于快速检测和响应安全事件,从而最大限度地减小安全事件对组织业务的影响。通过跨云的安全事件响应机制,各云平台之间能够共享安全事件信息,实现协同防御。此外,快速响应机制还包括事件后的分析和改进,以防止类似事件的再次发生。这种机制不仅提高了组织的安全防护能力,还增强了其在应对复杂安全挑战时的灵活性和适应性。

(四)数据和工作负载的无缝迁移

数据迁移策略的设计需考虑多种因素,包括选择合适的迁移方法和工具。在线迁移和离线迁移是两种主要的方法,在线迁移允许在不中断服务的情况下将数据转移,离线迁移则适用于大规模数据传输。选择合适的迁移工具尤为重要,这些工具不仅能确保数据在不同云环境中的高效转移,还需支持多种数据格式和协议,以适应不同的应用需求。通过精心设计的数据迁移策略,可以最大限度地减少迁移过程中的数据丢失和降低数据延迟,从而提高整体迁移效率。

工作负载迁移的自动化流程是提升迁移效率的重要环节。通过利用自动化工具和脚本,组织可以简化工作负载的部署和配置过程,减少人工干预带来的错误。自动化工具能够实现工作负载的快速配置和动态调整，确保在迁移过程中应用的连续性和稳定性。这种自动化流程不仅能降低人为错误的风险，还能显著缩短迁移时间，提升资源利用效率。随着云计算技术的不断进步，自动化工具的功能也在不断增强，为工作负载迁移提供了更多的可能性和灵活性。

在数据和工作负载迁移过程中，数据一致性与完整性的保障措施是不可或缺的。采用数据校验和同步机制，可以确保迁移后的数据与源数据的一致性和完整性。数据校验通过对比源数据和目标数据的哈希值或校验和，来验证数据的完整性，数据同步机制则确保数据在迁移过程中保持实时更新，以防止数据丢失或不一致。这些措施不仅提高了数据迁移的安全性和可靠性，也为企业在多云环境中构建稳健的数据管理体系奠定了基础。

四、混合云和多云中的数据管理与安全

（一）多云环境下的数据一致性管理

在多云环境下，数据一致性管理是确保跨多个云平台的数据更新操作能够顺利进行的关键。为了实现这一目标，分布式事务协议，如两阶段提交或三阶段提交，被广泛应用。这些协议能够保证事务的原子性，即要么所有参与的云平台都成功完成数据更新，要么全部回滚，以此来避免数据不一致的情况。通过使用这些协议，企业可以在多个云服务提供商之间协调数据更新操作，确保数据的一致性和完整性。此外，分布式事务协议的应用也有助于提高系统的可靠性，降低因网络故障或其他突发事件导致的数据更新失败的风险。

为进一步确保多云环境中的数据一致性，实施数据同步机制是必不可少的。通过增量更新和实时同步技术，各云环境中的数据可以保持同步状态，减少因延迟或网络故障导致的数据不一致问题。增量更新技术能够有效地减少数据传输量，提高同步效率，实时同步则确保数据在各云平台之间的及时更新。这些技术的结合使用，不仅提高了数据一致性的管理效率，还增强了系统的响应能力，支持企业在多云环境下的灵活运作。

在多云环境中，数据版本控制和冲突解决策略是管理数据变更的重要手段。通过版本控制，企业可以跟踪数据的不同版本，确保在数据合并过程中能够识别和处理冲突。冲突解决策略则提供了一套规则和算法，用于自动化地处理不同云

平台间的数据冲突。这种策略不仅提高了数据合并的效率,还减少了人工干预的需要,降低了人为错误的风险。有效的版本控制和冲突解决策略能够确保多云环境中的数据管理更加高效和可靠。

(二)跨云数据加密与传输安全

随着企业越来越多地采用混合云和多云策略,数据在不同云环境之间的传输变得更加频繁。在这种情况下,确保数据在传输过程中的机密性和完整性显得尤为重要。跨云环境中数据加密的必要性不仅在于保护敏感信息免受未授权访问和数据泄露的威胁,还在于满足合规性要求和行业标准。通过在数据传输过程中实施强有力的加密措施,企业可以有效地降低数据泄露的风险,保障其信息资产的安全。

1.采用端到端加密技术

端到端加密意味着数据在源端被加密,并在到达目标云环境后才被解密,这样可以确保数据在整个传输链路中始终处于加密状态。通过这种方式,即使数据在传输过程中被截获,攻击者也无法读取其中的内容。此外,端到端加密技术还可以帮助企业满足数据隐私法规的要求,保护用户的个人信息不被滥用。这种加密方式为企业提供了一种有效的手段,以应对复杂的多云环境中的数据安全挑战。

2.实施传输层安全协议

传输层安全协议为数据传输提供了加密通道,确保数据在网络上传输时不会被窃听或篡改。这些协议通过使用加密算法和安全证书,建立一个安全的通信链路,保护数据的机密性和完整性。通过实施这些协议,企业不仅可以防止中间人攻击,还可以提高用户对其云服务的信任度,从而在竞争激烈的市场中占据优势。

3.建立数据加密密钥管理策略

确保密钥的安全存储和访问控制是防止密钥泄露导致安全风险的关键。企业需要制定完善的密钥管理策略,包括密钥的生成、分发、存储、使用和销毁的全生命周期管理。通过使用硬件安全模块等技术,可以有效地提高密钥管理的安全性。此外,定期审计和更新密钥管理策略,确保其与最新的安全标准和法规保持一致,是企业在混合云和多云环境中保护数据安全的重要保障措施。

(三)混合云数据存储的冗余与备份策略

在混合云环境中,混合云数据存储的冗余策略通过在不同云平台间复制数据来实现,这种方法不仅能够在某一平台发生故障时,保证数据的完整性和可恢复性,还能提升数据的整体可用性。通过数据冗余,企业可以在云服务中获得更高的容错能力和业务连续性,确保在任何情况下,数据都能被高效地获取和使用。此外,数据冗余策略还可以帮助企业优化数据存储的成本和性能,合理分配资源以达到最佳的存储效果。

有效的备份策略需要强调定期对数据进行备份,这不仅能保护数据免受意外丢失或损坏,还能在需要时快速恢复数据。使用自动化工具进行备份任务调度,可以极大地减少人为干预和错误,从而提高数据备份的效率和准确性。自动化备份工具能够在预设的时间点自动执行备份任务,确保所有关键数据都被及时备份,避免因人工操作失误导致的数据丢失问题。

跨云环境的版本控制机制是备份策略中的重要组成部分。通过对备份数据进行版本管理,企业可以在数据恢复时选择特定版本,满足不同业务需求。这一机制能够有效解决数据在不同时间点的差异问题,确保在恢复过程中选择最合适的版本,最大限度地减少数据丢失和业务中断的风险。版本控制不仅提高了数据恢复的灵活性,还增强了数据管理的精细化程度,使企业在面对复杂多变的业务环境时,能够更加从容应对。

第六章　云计算助力行业数字化转型

第一节　云计算在制造业中的应用

一、制造业中云计算的集成与实施

(一)云计算在制造业中的集成策略

通过云计算技术,制造企业能够实现资源的动态分配和高效利用,从而降低运营成本并提高生产效率。在集成过程中,企业需要根据自身的业务需求和技术能力,选择合适的云计算服务模式,如公有云、私有云或混合云。同时,企业应制订详细的实施计划,明确各阶段的目标和任务,以确保云计算技术的顺利集成。此外,企业还需关注与现有 IT 系统的兼容性问题,确保新旧系统之间的无缝对接,以最大化云计算的应用价值。

云计算平台的选择与架构设计对于制造企业的数字化转型尤为重要。企业需要评估各个云服务提供商的技术能力、服务质量和成本效益,选择最适合自身需求的平台。在架构设计方面,企业应充分考虑业务的可扩展性和灵活性,确保云计算架构能够支持未来业务的增长和变化。此外,企业还需设计合理的网络架构,以保障数据传输的稳定性和安全性。通过合理的选择与设计,企业能够构建一个高效、可靠的云计算环境,为数字化转型提供坚实的技术基础。

在云计算环境中,数据集成与管理策略的优化是提升制造企业竞争力的重要手段。企业需要建立统一的数据管理平台,实现数据的集中存储和管理,以提高数据的可访问性和利用率。在数据集成方面,企业应采用标准化的数据接口和协议,确保不同系统之间的数据互通和共享。同时,企业需加强数据质量管理,制定数据清洗、转换和验证的标准流程,以保证数据的准确性和一致性。通过优化数据集成与管理策略,企业能够更好地支持业务决策和创新。

(二)制造业云计算平台的实施步骤

在制造业中,云计算平台的实施步骤是一个复杂而关键的过程,涉及多个层面的协调与配合。

1.需求分析与评估

制造企业需要明确自身的具体需求,包括生产管理、供应链优化、数据分析等方面的要求。同时,需评估现有IT基础设施与云计算的适配性,确保在技术上具备可行性。这一阶段的工作不仅为后续步骤奠定基础,也影响到整个项目的成败。

2.选择合适的云服务

制造企业需根据自身需求、预算和技术支持能力等多方面因素,选择最适合的云服务平台。不同云服务提供商在服务模式、技术支持、成本结构等方面存在差异,因此企业需进行全面的市场调研和对比分析。选择合适的供应商不仅影响系统的稳定性和安全性,还直接关系企业的长期发展战略。

3.制订实施计划与时间表

详细的规划需要涵盖每个阶段的具体任务、时间节点和责任分配,确保各阶段的目标明确且可控。通过科学的计划管理,企业可以有效降低部署过程中的风险,提高项目的成功率。时间表的制定不仅需要考虑技术因素,还需结合企业的运营节奏,确保不影响正常生产活动。

4.系统集成与测试

将云计算平台与现有系统进行集成,需要解决多系统间的数据兼容性和通信问题。全面的测试是确保新系统能够正常运行的保障,包括功能测试、性能测试和安全测试等。通过严格的测试流程,可以发现潜在问题并及时进行调整,确保系统上线后能够稳定高效地运行。

5.提供培训与支持

为员工提供必要的培训,使其能够熟练掌握新系统的使用方法,是提高生产效率的关键。同时,企业需建立持续的技术支持机制,及时解决员工在使用过程中遇到的问题。通过完善的培训与支持体系,企业可以最大化地发挥云计算平台的优势,推动制造业的数字化转型。

(三)制造业云服务的优化与管理

1.全面的性能监控与优化

通过定期监测云服务的性能指标,可以识别出系统运行中的瓶颈,从而进行必要的优化调整。这种持续的监控不仅能够提升系统的响应速度和可靠性,还能为企业节省大量的时间和资源,确保制造流程的顺畅进行。此外,性能监控还可以帮助企业提前预防潜在问题,减少因系统故障导致的生产中断。

2.成本管理与资源优化

随着云计算技术的广泛应用,企业面临的一个主要挑战是如何在不影响服务质量的前提下,最大限度地降低成本。通过对云服务使用情况的分析,企业可以识别出资源的浪费和不必要的开支,从而进行资源的重新配置和优化。这种方法不仅能帮助企业实现成本效益的最大化,还能提升资源的利用效率,使企业在激烈的市场竞争中保持优势。

3.安全管理策略的持续更新

随着安全威胁的不断演变和合规要求的日益严格,企业需要定期更新其安全管理策略,以确保数据和系统的安全性。这不仅包括对现有安全措施的评估和改进,还涉及对新兴安全技术的应用和对员工的安全意识培训。通过持续的安全管理,企业可以有效地保护其核心数据和知识产权,避免因安全漏洞造成的经济损失和声誉损害。

4.用户反馈与系统迭代

建立有效的用户反馈机制,能够帮助企业及时收集员工和管理层的意见和建议。这些反馈信息对于系统的迭代和改进具有重要的指导意义。通过持续的系统更新和优化,企业可以不断提升用户体验,增加员工的工作效率和满意度,从而推动整个制造流程的数字化转型和创新发展。

二、云计算推动制造流程的自动化与智能化

(一)智能化制造流程中的数据分析与处理

在智能化制造流程中,云计算通过其强大的计算能力和灵活的资源配置,极

大地提升了制造业生产线的响应能力和决策质量。利用云计算进行实时数据分析，制造企业能够快速捕获生产过程中产生的海量数据，并将其转化为有价值的洞见。这种实时性不仅提高了生产效率，还增强了企业对市场变化的敏感度和适应能力，从而使其在激烈的市场竞争中占据优势地位。

通过云平台实现大数据处理，制造企业可以支持复杂数据模型的构建与分析，从而优化生产流程。云计算提供的高性能计算能力，使企业可以在大规模数据集中提取有用信息，识别出影响生产效率的关键因素。通过这些数据模型，企业能够进行精准的生产计划和资源配置，显著降低生产成本，提高产品质量。此外，云计算的弹性资源管理特性，确保了企业在数据处理需求波动时，能够灵活调整计算资源，保持高效运营。

云计算支持多源数据集成，为制造企业提供了汇总来自不同设备和系统的数据的能力，形成全面的生产视图。这一综合视图使企业能够从整体上把握生产过程中的各个环节，识别潜在的效率提升点和瓶颈。多源数据集成不仅提高了信息的透明度，还增强了企业在决策时的全面性和准确性。通过对这些综合数据的深入分析，企业可以实现更为精准的生产控制和资源管理，从而提升整体运营效率。

运用机器学习算法对制造数据进行智能分析，云计算能够帮助企业预测设备故障和维护需求，降低停机风险。机器学习通过对历史数据的学习，能够识别出设备运行中的异常模式和潜在故障点，提前发出预警，指导企业进行预防性维护。这种预测性维护策略，不仅缩短了设备的非计划停机时间，还延长了设备的使用寿命，降低了维护成本。通过云计算与机器学习的结合，制造企业能够实现更高水平的智能化生产管理。

(二)基于云计算的实时监控与反馈机制

通过云计算技术，制造企业能够实现对生产设备的全天候不间断监控。这种持续的监控能力使企业能够及时发现潜在故障，并迅速进行处理，从而显著缩短设备的停机时间，提升生产线的连续性和稳定性。实时监控不仅提高了设备的利用率，还降低了突发故障对生产进度的影响，给企业带来了显著的经济效益。

借助云计算平台，制造企业可以实时收集和分析海量的生产数据。通过对这些数据的深入分析，企业能够快速生成可视化的报告。这些报告不仅为管理层提供了直观的数据展示，还支持他们基于数据做出更为科学和准确的决策。数据驱动的决策过程帮助企业优化生产流程，改进产品质量，并有效降低生产成本，从而在激烈的市场竞争中获得优势。

云计算技术具有支持多地点的实时数据同步功能。这一特性使分布在不同地理位置的生产线或工厂之间的信息共享变得更加顺畅。通过云平台,各地的生产数据可以实时更新和同步,从而确保所有相关方都能获取最新的信息。这种信息的无缝共享不仅提高了整体运营效率,还增强了企业在全球化背景下的协同能力。

基于云计算的反馈机制能够实现自动化的预警系统。这个系统可以在生产过程中实时监测关键参数,并在检测到异常时及时发出警报,通知相关人员采取必要的措施。自动化预警系统的应用有效地减少了人为干预的时间,提高了响应速度,确保了生产过程的顺利进行。这种智能化的反馈机制不仅提升了生产的安全性和可靠性,还为企业的长远发展奠定了坚实的基础。

(三)云计算支持下的供应链优化

通过提供实时数据共享,云计算能够增强供应链各环节的协同能力,提高整体运营效率。实时数据共享使企业可以更快速地响应市场需求变化,减少信息传递的延迟和误差。这种协同能力的增强不仅提升了供应链的效率,也为企业在市场竞争中赢得了时间和空间。通过云计算平台,企业能够在全球范围内实现信息的无缝对接,确保供应链的每个环节都能获取最新的数据,以便做出更加准确的决策。

基于云计算的预测分析工具在库存管理中展现出强大的优化能力。这些工具能够通过历史数据和市场趋势的分析,精确预测未来的库存需求,从而有效降低库存成本和缺货风险。通过对库存数据的深度分析,企业可以更合理地规划生产和采购,避免因库存积压或缺货导致的损失。这种库存管理的优化不仅帮助企业节省了成本,还提高了客户满意度。

云计算支持供应链透明度的提升。通过实时监控和数据分析,企业能够对供应链的各个环节进行全面的掌控。实时监控使企业可以及时发现和解决潜在的问题,避免对供应链的正常运作造成影响。数据分析则为企业提供了丰富的洞察力,帮助其做出更加准确和及时的决策。这种透明度的提高,不仅增强了供应链的安全性和可靠性,还为企业的战略规划提供了坚实的基础。

云计算平台能够集成多方供应商的信息,促进供应链的灵活性和响应能力。通过集成不同供应商的数据,企业可以更准确地评估供应商的表现,并根据市场变化快速调整供应策略。这种灵活性和响应能力使企业能够更好地适应市场的波动,保持竞争优势。云计算的这种集成能力不仅提高了供应链的整体效率,还为企业在动态市场环境中提供了更大的操作空间和战略选择。

三、供应链管理的云计算优化

(一)基于云计算的弹性供应链部署

云计算技术在供应链管理中的应用,极大地提升了供应链的弹性和效率。通过云计算的支持,企业能够快速部署弹性供应链系统,以应对动态的市场环境和复杂的供应链网络。云计算提供了强大的计算能力和存储资源,使企业能够根据实际需求灵活调整供应链的规模和结构,从而实现资源的最优配置。这种弹性部署不仅降低了企业的初始投资成本,还降低了维护和升级的复杂性,使企业能够更加专注于核心业务的发展。

云计算技术的重要作用在于支持供应链各环节的协同工作,打破信息孤岛,增强各方沟通。在传统供应链中,各个环节的信息往往是孤立的,导致沟通不畅和决策失误。云计算通过提供统一的数据平台,使供应链中的各个参与者能够共享信息,实时沟通。这种信息的透明化和可访问性,不仅提高了供应链的协同效率,还减少了各环节之间的摩擦和误解,从而增强了供应链的整体竞争力。

通过云平台实现供应链资源的动态配置,是优化库存和运输管理的重要手段。云计算的灵活性和可扩展性,使企业能够根据市场需求动态调整库存水平和运输路线,从而降低库存成本和运输风险。通过对供应链数据的深度挖掘和分析,企业可以更准确地预测需求变化,优化库存补货策略,减少库存积压和缺货风险。同时,基于云计算的运输管理系统,可以实时跟踪物流状态,优化运输路线,提高运输效率。

云计算提供可扩展的供应链解决方案,能够适应市场需求的变化,提升供应链的灵活性。在快速变化的市场环境中,企业需要具备快速响应能力,以抓住市场机遇。云计算的可扩展性,使企业能够根据需求变化,快速扩展或缩减供应链的规模和能力,保持市场竞争优势。通过云平台,企业可以快速部署新的供应链解决方案,支持新产品的推出和市场的拓展。

(二)供应链数据的云端整合与共享

云计算平台支持供应链数据的集中管理,允许各参与方在同一平台上访问和更新信息,从而提升数据的一致性与准确性。在传统的供应链管理中,不同的参与方常常使用各自独立的系统,这导致了数据的孤立和冗余。通过云计算,这些数据可以被整合到一个统一的平台上,使所有参与方能够实时访问和更新信息。这一集中化的管理方式不仅提高了数据的透明度,还减少了由于信息不对称而导致的决策延误。

通过云端整合,供应链各环节能够实时共享关键数据,如库存状态、订单进度和运输信息,从而增强了协同作业能力。实时的数据共享使各参与方可以对供应链的变化做出快速反应,优化库存管理,降低库存积压或短缺的风险。此外,运输信息的实时更新也使物流管理更加高效,能够更好地满足客户的需求。这种实时共享的能力在全球化的供应链中尤为重要,因为它能够跨越地理和时区的限制,使供应链的各个环节紧密联动。

云计算实现了供应链数据的标准化处理,确保不同系统之间的数据格式一致,简化了数据交换和集成流程。在一个复杂的供应链网络中,不同的企业可能使用不同的软件和系统,导致数据格式不一致的问题。云计算平台通过标准化的数据处理,使这些不同格式的数据可以在同一平台上无缝集成和交换。这不仅降低了数据处理的复杂性,还减少了人为干预的需求,从而提高了供应链的整体效率。

云平台提供安全的数据共享机制,通过权限管理和加密技术,保障供应链数据的安全性和隐私性。在数据共享的过程中,安全性是一个重要的考虑因素。云计算平台通过严格的权限管理,确保只有授权的用户才能访问和修改数据。此外,采用先进的加密技术,云平台能够有效保护数据在传输过程中的安全。这种多层次的安全保障措施,使企业在享受云计算带来的便利的同时,能确保其敏感数据不被泄露或滥用。

(三)云计算在供应链风险管理中的应用

通过云计算技术,企业可以实现对供应链各个环节的实时监控,从而及时识别潜在风险。这种实时监控能力使企业能够迅速响应供应链中的突发事件,减少其对运营的负面影响。实时数据采集和分析有助于企业掌握供应链的动态变化，确保供应链的稳定性和连续性。云计算的应用不仅提高了供应链的透明度，还增强了企业对风险的预判和控制能力。

云计算的预测分析能力在供应链风险管理中发挥关键作用。通过对历史数据的分析，云计算能够识别和评估供应链中的风险因素，使企业能够提前制定应对策略。这种能力使企业在面对复杂多变的市场环境时，能够保持竞争优势。云计算提供的预测分析工具能够帮助企业识别潜在风险模式，优化风险管理流程，从而提高供应链的抗风险能力。

云计算支持供应链中多方协作，增强了供应链参与者之间的信息沟通。这种增强的信息沟通能力有助于降低因信息不对称带来的风险。通过云平台，供应链各方能够共享实时数据，协同制定决策，确保供应链的高效运作。信息的透明化不仅降低了沟通成本，还提高了供应链的响应速度和灵活性。云计算技术使供应链的各个环节能够更加紧密地连接在一起，形成一个高效、协调的整体。

通过云平台的数据分析工具，企业可以对供应链历史数据进行深入挖掘，发现潜在风险模式。这种数据驱动的风险管理方法能够帮助企业识别供应链中的薄弱环节，并进行针对性优化。云计算提供的强大数据处理能力，使企业能够在海量数据中提取有价值的信息，为风险管理提供科学依据。通过对数据的深入分析，企业能够不断完善风险管理流程，确保供应链的持续稳定运行。

四、云计算在生产质量监控中的应用

（一）基于云计算的质量数据采集与分析

通过云计算平台，企业可以整合多种数据来源，从不同设备和传感器收集质量数据。这种整合能力形成了一个全面的质量监控视图，使企业能够更好地掌握生产过程中的动态变化。

云计算提供的分析工具为企业对质量数据的深度挖掘提供了支持。通过这些工具，企业可以识别潜在的质量问题和趋势，从而对生产流程进行优化。这种分析能力不仅提升了生产的精准度，还为企业的质量管理提供了科学依据，帮助企业在激烈的市场竞争中保持竞争优势。此外，云计算平台的灵活报告生成机制，使企业可以根据自身需求自定义质量报告。这种灵活性使管理层能够快速获取所需信息,进行有效决策和改进措施。

通过云计算的共享机制,质量数据在供应链各方之间实现了实时共享。这种共享不仅增强了各方的协同工作能力,还提升了整体产品质量管理水平。在全球化的市场环境中,供应链的高效协作是企业成功的关键因素。云计算的应用为供应链的各个环节提供了可靠的数据支持,确保各方能够及时调整生产策略,满足市场需求。

(二)实时质量监控系统的云端架构

通过将监控系统部署在云端,企业能够实现跨地域的质量数据管理和分析,提升整体生产效率。云端架构的高可用性意味着即使在设备故障或网络中断的情况下,系统仍然能够持续运行,确保质量数据的连续收集和分析。这种高可用性不仅依赖云服务提供商的基础设施,还需要在系统设计时充分考虑冗余和故障转移机制,以保证在任何情况下都能提供稳定的服务。

实时质量监控系统的云端架构必须具备对多种数据格式的兼容性。这种多样性要求系统能够无缝整合来自不同生产设备和传感器的数据,确保质量信息的全面性和准确性。通过支持多种数据格式,企业可以更灵活地引入新设备或传感器,而不必担心与现有系统的兼容性问题。这种灵活性能够帮助企业迅速响应市场需求变化和技术进步。

在处理海量数据时,云端架构的强大数据处理能力显得尤为关键。实时分析和处理大规模的质量数据,可以帮助企业及时发现潜在的质量问题,并迅速反馈给相关部门进行处理。这样的实时反馈机制不仅能够降低次品率,还能提高生产效率和产品质量。这种能力的实现依赖云计算强大的计算资源和先进的数据分析算法,确保在大数据环境中能快速、准确地提供分析结果。

实时质量监控系统应提供直观的可视化界面,帮助管理层和操作人员快速查看质量数据和分析结果。通过图形化的展示,用户可以更容易地理解复杂的数据分析结果,从而支持决策制定和问题解决。这种可视化能力不仅能提高信息传达的效率,还能促进不同部门之间的沟通与协作,推动企业在质量管理上的持续改进。

第二节　金融服务行业的云计算创新

一、云计算对金融服务效率的提高

(一)金融服务的云计算基础架构优化

云计算基础架构的弹性设计使金融机构能够根据实时的业务需求波动,动态调整资源的配置。这种灵活性不仅确保了高效的服务交付,还减少了不必要的资源浪费,提升了整体运营效率。金融服务行业经常面临交易高峰期和低谷期的挑战,传统架构难以快速适应这种变化,云计算的弹性设计可以在短时间内完成资源的自动调整,确保服务的连续性和响应速度。

云计算平台的安全性增强是金融行业采用云计算的重要推动力之一。通过多层次的安全措施,云计算平台能够有效保护金融数据的隐私和安全性。金融服务需要处理大量敏感信息,安全性是其核心关注点。云计算提供了包括加密技术、访问控制、监控和审计等多种安全手段,结合合规认证,帮助金融机构满足国内外严格的监管要求。这种安全保障不仅增强了客户的信任,也为金融机构在云端的业务拓展提供了坚实的基础。

高可用性是金融服务行业对云计算基础架构的重要要求。通过冗余备份和灾难恢复机制,云计算确保了金融服务的持续性和稳定性。这些机制能够在系统故障或自然灾害发生时,快速恢复数据和服务,最大限度地降低业务中断的风险。金融交易对实时性和连续性的要求极高,任何停机或数据丢失都可能带来巨大的经济损失和信誉损害,因此,云计算的高可用性成为金融机构选择云服务的重要考量因素。

(二)云端数据分析与金融决策支持

通过云计算平台,金融机构能够进行实时数据分析,这种能力使金融机构可以快速识别市场趋势和客户需求,从而优化产品和服务的设计。实时数据分析不仅提高了响应速度,也为金融机构提供了更加敏捷的市场竞争力。

基于云端的数据分析工具,金融服务提供商能够整合来自不同渠道的数据来源,形成全面的客户画像。这种整合能力显著提升了个性化服务的能力,使金融机构能够更精准地满足客户的独特需求。通过深度的数据分析,金融机构可以提供定制化的金融产品和服务,从而提升客户满意度和忠诚度。

云计算支持大规模数据处理。金融机构每天需要处理大量的交易数据和进行风险评估,云计算的高效处理能力使这一过程更加准确和及时。通过云计算平台,金融机构能够更好地管理和分析交易数据,确保决策的准确性,降低运营风险。

云端分析平台通过机器学习和人工智能技术的应用,帮助金融机构进行智能化的风险预测和管理。这种智能化的能力提高了金融机构的整体运营效率,使其能够在竞争激烈的市场中保持领先地位。通过先进的技术手段,金融机构不仅能够预测潜在风险,还能够制定更有效的风险管理策略,从而在复杂的市场环境中实现稳健运营。

(三)智能化金融产品的云服务集成

云计算为金融产品提供了灵活的开发和部署环境,使金融机构能够快速响应市场变化,进行产品的快速迭代和创新。这种灵活性不仅缩短了产品的上市时间,还显著降低了运营成本。云计算的这种能力使金融机构能够在竞争激烈的市场中保持优势地位,及时满足客户不断变化的需求。

通过云服务的集成,金融机构能够实现跨平台的数据共享与互操作性,这有助于提升客户服务的连贯性和一致性。金融服务的本质在于数据的处理与分析,而云计算提供的高效数据管理能力,使金融机构能够更好地整合来自不同渠道的数据,形成统一的客户视图。这种能力不仅提高了客户服务的效率,还增强了客户体验的整体一致性,使金融机构能够提供更为优质的服务。

云计算支持智能化金融产品的个性化定制,通过大数据分析技术,为客户提供量身定制的金融解决方案。金融机构可以利用云计算平台提供的强大计算能力,分析海量客户数据,识别客户的个性化需求和偏好,从而设计出更加贴合客户需求的产品和服务。这种个性化的服务不仅提升了客户满意度,也增强了客户与金融机构之间的黏性。

云服务平台的安全机制在保障智能化金融产品的数据传输和处理安全性方面发挥了重要作用。云计算平台通过多层次的安全措施,包括数据加密、访问控制及实时监控等,确保了数据在传输和存储过程中的安全性。这种安全保障不仅增强了客户对金融服务的信任,也为金融机构在数字化转型过程中提供了坚实的基础。

(四)客户关系管理的云计算提升策略

云计算支持客户数据的集中管理,使金融机构能够实时访问和更新客户信息,这种能力极大提升了服务效率和响应速度。在传统的客户关系管理中,信息的更新与访问往往需要跨越多个系统和部门,导致效率低下。通过云计算,所有的客户数据都可以在一个集中的平台上进行管理,使信息的流动更加顺畅,有效地缩短了响应时间,提升了客户体验。

云计算使金融服务提供商能够利用先进的数据分析工具深入挖掘客户需求和行为模式。这种能力让金融机构可以根据客户的具体情况和偏好,提供个性化的营销和服务,增强客户满意度和忠诚度。通过对客户数据的深度分析,金融服务提供商可以预测客户需求,制定更为精准的市场策略,从而在竞争激烈的市场中获得优势。

云计算促进了跨部门协作,使客户服务团队能够共享信息和资源,提高客户问题解决的效率和准确性。在金融服务行业中,客户问题往往涉及多个部门,通过云计算平台,各部门能够快速协作,及时解决客户问题,提升整体服务水平。这种协作不仅提高了内部效率,也增强了客户对金融机构的满意度和信任度。

二、金融服务中的云安全和合规性保障

(一)金融机构的云端访问控制与授权机制

在金融服务行业中,云端访问控制与授权机制不仅确保了金融数据的安全性,还维护了合规性,保障了金融机构的稳健运营。金融机构在云端访问控制中,需要建立基于角色的访问控制模型。基于角色的访问控制模型通过将用户权限与其职责相匹配,有效降低了数据访问风险。这种模型的应用确保每个用户只能访问与其角色相关的数据和功能,从而最大限度地减少了因权限过大而导致的数据泄露风险。

在身份验证方面,金融机构必须实施多层次的身份验证机制,以增强用户身份验证的安全性。这些机制包括生物识别技术和动态口令等先进技术,能够有效

防止未经授权的访问。生物识别技术通过指纹、面部识别等方式,提供了比传统密码更高的安全性,动态口令则通过不断变化的密码,增加了破解的难度。这些技术的结合,不仅提高了用户身份验证的安全性,还提升了用户的使用体验。

金融机构需利用基于云的访问审计工具,实时监控用户访问行为。这些工具能够及时发现并响应异常活动,保障金融数据的安全。通过对用户访问行为的详细记录和分析,金融机构可以快速识别潜在的安全威胁,并采取相应的措施进行处理。这种实时监控不仅提高了安全性,还为合规性提供了有力的支持。

为了保护数据隐私,制定严格的数据分类与访问策略是必不可少的。金融机构需确保敏感金融数据的访问权限仅限于授权用户。通过对数据进行分类,并根据数据的重要性和敏感性制定相应的访问策略,可以有效防止未经授权的访问,保护客户的隐私和金融数据的机密性。

(二)基于云计算的金融合规性监控与审计

云计算环境下的合规性监控工具能够实时跟踪金融交易和数据处理活动。这种实时监控能力确保金融机构的操作符合相关法律法规要求,减少了人工监控的滞后性和不确定性。通过自动化流程,云计算支持金融机构定期生成合规性报告,这不仅简化了合规审查过程,还提高了透明度,使监管机构能够更快速地获取所需信息。

云计算平台能集成合规性管理框架,帮助金融机构识别和管理潜在的合规风险。这种集成能力使金融机构能够在业务流程中预先设置合规性检查点,确保各个环节的合规性。通过这种方式,云计算不仅提升了合规性管理的效率,还降低了因合规问题引发的业务风险。云计算的日志管理功能也为金融机构提供了强大的支持。通过有效存储和分析访问记录,金融机构可以轻松进行后续的合规审计和风险评估。这种能力不仅提升了审计的精确性,还为风险管理提供了更为翔实的数据支持。

云计算的实时合规性监控能力是其在金融服务行业应用的一大亮点。金融机构能够及时发现并响应合规性违规行为,从而降低面临的法律风险。这种实时响应能力使金融机构能够在问题发生的第一时间采取措施,避免问题扩大化。在快速变化的金融市场中,云计算的这种能力为金融机构提供了重要的安全保障,确保其在合规性方面始终处于主动地位。这不仅保护了金融机构的声誉,还为其长远发展奠定了坚实基础。

三、基于云计算的创新金融产品开发

(一)云计算支持的个性化金融产品设计

云计算在个性化金融产品设计中的应用，为金融机构提供了前所未有的灵活性和效率。通过云计算平台提供的灵活 API，金融机构可以根据客户的特定需求快速定制和部署个性化金融产品。这种灵活性不仅缩短了产品的开发周期，还使金融机构能够更迅速地响应市场变化和客户需求。API 的开放性和兼容性，允许金融机构在现有系统中无缝集成新功能，从而保持技术的前沿性和市场竞争力。

通过云计算的实时数据分析能力，金融机构能够深入了解客户的消费习惯与偏好。这种深入分析不仅能帮助金融机构识别客户的潜在需求，还能预测市场趋势，从而设计出更符合市场需求的创新金融产品。实时数据分析使金融机构能够在数据驱动的基础上进行决策，降低了依赖经验判断的风险，提高了产品设计的精准度和市场适应性。

云计算支持多渠道的客户交互，使金融产品能够在不同平台上无缝集成，极大地提升了客户体验和满意度。无论是在移动端、网页端还是其他数字平台，客户都可以轻松访问和管理他们的金融产品。这种多渠道的交互方式不仅提高了客户的便利性，也增强了客户对金融机构的黏性和忠诚度。通过多渠道的无缝集成，金融机构可以提供更为流畅和一致的用户体验。

利用云计算的机器学习算法，金融机构可以实现智能化的客户画像分析。这种分析帮助金融机构更全面地了解客户的行为模式和需求特征，从而设计出更加个性化的金融产品和服务。机器学习算法的自我学习能力，使客户画像分析能够不断优化和更新，确保产品设计始终符合客户的最新需求。这种智能化的分析不仅提高了产品的个性化程度，还增强了金融机构的市场竞争力。

(二)基于云平台的跨境支付解决方案

云平台通过其强大的计算能力和灵活的架构，提供了实时汇率转换服务，确保跨境支付过程中资金的即时结算与准确性。这一功能不仅提高了资金流动的效率，还减少了因汇率波动带来的不确定性，为企业和个人用户提供了更稳定的金融环境。

云计算的智能合约功能是跨境支付解决方案的一大亮点。智能合约能够自动化处理跨境支付中的合规性和交易条款，显著降低了人为错误和欺诈风险。这种自动化机制不仅提高了交易的安全性，还简化了流程，减少了人工干预的需求，从而降低了运营成本。智能合约的应用使跨境支付更加高效和可靠，推动了金融服务的进一步创新。

云平台的多层安全架构为跨境支付提供了坚实的安全保障。通过先进的加密技术和严格的访问控制措施，云平台能够有效防止信息泄露和网络攻击，确保支付数据的安全传输与存储。这种安全性是跨境支付解决方案成功的关键因素之一，增强了用户对云平台的信任，也为金融机构提供了更安全的服务渠道。

利用云计算的分布式账本技术，跨境支付的透明度和可追溯性得到了极大提升。分布式账本技术使每笔交易都可以被清晰记录和跟踪，增强了各方对交易的信任。这种透明性不仅有助于防范欺诈，还为监管机构提供了更有效的监控工具，确保金融交易的合规性和合法性。

云平台支持多种支付方式的集成，为客户提供了灵活的跨境支付解决方案。这种灵活性使不同客户能够根据自身需求和偏好选择最合适的支付方式，提升了用户体验。无论是传统银行转账、电子钱包还是新兴的加密货币支付，云平台都能轻松实现集成，满足不同市场和客户群体的多样化需求。

(三)云计算驱动的风险管理金融工具

在现代金融环境中，云计算驱动的风险管理金融工具通过利用实时数据分析，帮助金融机构动态评估市场风险。利用云计算的强大计算能力和数据处理速度，金融机构可以快速获取和分析大量市场数据，从而及时调整投资策略以降低潜在损失。这种实时数据分析能力使金融机构能够在瞬息万变的市场环境中保持敏捷性和竞争力。

基于云计算的风险管理平台能够集成多种数据源，提供全面的风险监测与评估。这些平台通过整合来自不同渠道的数据，包括市场数据、客户行为数据和交易数据，提供一个全方位的风险视角。金融决策者可以借助这些平台进行更科学的决策，因为它们能够提供精确的风险评估和预测。这种数据集成能力不仅提高了风险监测的全面性，还增强了金融决策的科学性和准确性。

云计算支持自动化风险预警系统，通过机器学习算法识别异常交易行为。这些系统能够在检测到潜在的欺诈活动时，及时发出警报，帮助金融机构防范欺诈风险。机器学习算法能够从历史数据中学习识别模式，并在实时数据中应用这些模式，以识别可能的异常行为。这种自动化的风险预警机制提高了风险管理的效率和准确性，减少了人为错误的发生。

云计算环境下的风险管理工具能够实现灵活的压力测试。金融机构可以利用这些工具模拟不同市场情景对金融产品和投资组合的影响，从而更好地准备应对潜在的市场波动。压力测试的灵活性使金融机构能够在不同假设下评估风险敞口，并制定相应的风险缓解策略。

第三节　云计算提高医疗保健的效率

一、云计算在医疗数据管理中的应用

（一）基于云存储的患者信息管理

云存储技术在患者信息管理中的应用，极大地提升了医疗数据的处理效率。通过云存储平台，医疗机构能够实现患者信息的集中管理，这不仅提高了信息的可访问性，还确保了数据的实时更新和高效存取。医疗人员可以在需要时迅速获取患者的健康记录，从而支持更快的诊断和治疗决策。此外，云存储系统的设计还考虑了数据的安全性和可靠性，提供了实时备份与恢复功能。这种机制极大降低了因意外情况导致的数据丢失风险，保障了患者信息的安全。

云存储解决方案能够支持跨机构的数据共享能力。通过云平台，医疗服务提供者可以轻松地与其他医疗机构共享患者信息，促进多方协作。这种信息流通的便利性不仅提高了医疗服务的效率，还提升了患者护理质量。不同医疗团队可以在一个平台上查看患者的完整病史，协同为患者制订更为全面的治疗方案。此外，云存储的智能数据分析功能为医疗机构提供了从海量患者信息中提取有价值见解的能力。这些见解可以用于支持个性化医疗和精准治疗的实施，帮助医疗人员制订更为有效的治疗计划，提高整体医疗服务的质量。

（二）云计算支持下的临床数据共享

通过云计算平台，跨机构的临床数据可以实现实时共享，这种能力极大地提升了医疗服务的协调性与响应速度。在传统的医疗数据管理模式中,数据的孤立和不兼容性常常导致医疗服务的延迟和不一致,而云计算提供的标准化处理能力确保了不同系统间的数据兼容性,简化了数据交换流程。这不仅提高了医疗机构的运营效率,也为患者提供了更为及时和一致的医疗服务。

云计算的安全机制为临床数据的共享过程提供了强有力的隐私和安全保障。医疗数据的敏感性要求在共享过程中必须有严格的安全措施,以防止数据泄露风险。云计算采用的多层次安全协议和加密技术,增强了患者对数据安全的信任。这种信任是推动数据共享和医疗协作的关键因素,能够促进更多医疗机构参与数据共享的生态系统中。

云计算的智能分析功能为医疗机构从共享的临床数据中提取洞察有效信息提供了支持。这些洞察不仅能优化临床决策,还能推动医疗研究的创新。通过对大量临床数据进行分析,医疗机构可以识别疾病的流行趋势、评估治疗效果,并开发新的诊疗方案。这种基于数据的创新能力,正是云计算在医疗领域的价值所在,为医疗保健的未来发展提供了坚实的基础。

(三)实时数据分析与患者监测服务

云计算支持实时数据分析,能够对患者的生命体征进行持续监测,及时识别异常情况并发出警报。这种能力不仅提高了患者安全性,还为医疗人员提供了及时的响应机会,降低了潜在的医疗风险。通过云平台,医疗机构可以整合来自不同设备和传感器的数据,形成全面的患者健康状况视图。这种整合能力支持个性化护理方案的制订,使医疗服务更加精准和高效。云计算提供的数据分析工具能够处理海量的医疗数据,帮助医生进行临床决策,提高诊疗效率和准确性。

利用云计算的实时数据共享功能,医疗服务提供者能够在不同机构间快速交换患者监测数据,提升跨机构协作的效率。这种数据共享不仅降低了信息传递的延迟,还避免了重复检查和不必要的测试,从而降低了医疗成本。通过云计算技术,医疗团队能够在全球范围内进行协作,分享最佳实践和创新解决方案,推动医疗保健的整体进步。此外,云计算的扩展性和灵活性使医疗机构可以根据需求动态调整资源,优化运营成本。这种灵活性特别适用于应对突发公共卫生事件时的资源调配需求,确保医疗系统的稳定性和持续性。

(四)云端电子病历系统的应用创新

通过集中存储患者的健康信息,云端电子病历系统显著简化了医疗数据的管理流程。这种集中化的存储方式不仅提高了数据访问的效率,还减少了传统纸质记录所需的物理空间和管理成本。医疗人员可以在需要时快速检索患者信息,提升了医疗服务的响应速度和质量。此外,云端电子病历系统的应用还极大地改善了医疗数据的可用性,为医疗机构提供了更为灵活的操作环境。

云端电子病历系统支持多方协作,允许不同医疗机构之间实时共享电子病历,从而提高了患者转诊和治疗的连续性。在传统的医疗体系中,患者的转诊往往伴随着烦琐的资料传递和信息不对称的问题。通过云端电子病历系统,医疗机构可以无缝对接,实时共享患者的健康信息,确保医疗服务的连续性和一致性。这种多方协作还促进了医疗资源的优化配置,使患者能够在不同的医疗机构中获得最佳的治疗方案,减少了重复检查和不必要的医疗费用。

云端电子病历系统配备了智能分析工具,能够从海量数据中提取关键健康指标,辅助医生进行精准诊断和个性化治疗。现代医学的发展趋势强调个性化和精准医疗,而云端电子病历系统通过大数据分析和机器学习技术,能够识别出患者的健康模式和潜在风险。这些智能分析工具不仅帮助医生制订更有效的治疗计划,还为公共卫生政策的制定提供了科学依据。通过数据驱动的决策支持,医疗机构能够更好地应对复杂的健康问题,提高整体医疗服务的质量和效率。

二、医疗诊断和云计算辅助技术

(一)基于云计算的精准诊断系统

基于云计算的精准诊断系统能够实时整合患者的历史健康记录和当前症状,提供个性化的诊断建议。这一过程依赖云计算平台的强大计算能力,能够处理海量数据并进行复杂的分析,从而帮助医生更准确地判断病情。同时,云计算的高效数据处理能力确保了诊断建议的快速生成,满足了临床实践中对时间敏感的需求。通过这种方式,精准诊断系统不仅提高了诊断的准确性,还显著提升了医疗服务的效率。

基于云计算的精准诊断系统利用云计算的强大数据分析能力,支持多种医学数据的综合分析,提高诊断的准确性和效率。云计算平台能够整合来自不同来源的医学数据,包括基因组信息、影像数据和实验室测试结果等,进行跨学科的综合分析。这种多源数据的整合与分析,使精准诊断系统能够提供更全面的病情评估和更具针对性的治疗方案。此外,云计算的并行处理能力使复杂的计算任务能够在短时间内完成,进一步提高了诊断效率,为患者提供了及时的医疗干预。

云计算环境下的精准诊断系统可实现跨机构的数据共享,促进不同医疗机构间的协作与信息流通。通过云计算平台,医疗机构能够安全地共享患者数据,避免了信息孤岛的形成。这种数据共享机制不仅能提高个体患者的诊断精度,还能够在更大范围内推动医学研究和公共健康监测的发展。不同医疗机构之间的协作和信息流通,也为复杂病例的多学科会诊提供了便利条件,提升了医疗服务的整体质量。

通过云计算,精准诊断系统能够快速响应临床需求,及时更新和优化诊断算法,以应对新出现的健康挑战。云计算平台提供了灵活的计算资源配置,使诊断系统能够根据最新的医学研究和临床实践,快速更新其算法和诊断模型。这种快速响应机制不仅能提高系统的适应性,还能确保诊断建议的科学性和前瞻性。在面对新发疾病或突发公共卫生事件时,云计算平台的快速处理能力显得尤为重要,为医疗机构提供了有效的技术支持。

(二)云计算在辅助诊断决策中的应用

通过集成多种数据源,云计算平台能够提供全面的临床数据分析,这种整合能力支持医生在诊断过程中快速获取患者的历史健康记录和相关症状信息,从而为临床决策提供了坚实的基础。此外,云计算的强大计算能力使复杂的医学数据处理变得更加高效和精准,为医疗实践提供了全新的视角。

利用机器学习和人工智能技术,云计算辅助诊断系统能够分析大量医学文献和病例数据。这些系统不仅能帮助医生识别潜在的疾病,还能建议最佳的治疗方案。通过对海量数据的深度学习,云计算平台能够从中提取有价值的信息,辅助医生进行更为精准的诊断。这种能力在面对复杂和罕见疾病时尤为重要,因为它能够提供超越传统经验积累的洞察力。

云计算支持实时数据处理,这一特性使医生能够在短时间内获取最新的诊断建议,从而提高临床决策的及时性和准确性。在急诊和重症监护等需要快速反应的场景中,实时数据处理的能力尤为关键。通过云计算,医疗团队可以实时监控患者的健康状况,迅速调整诊断和治疗方案,确保患者得到及时和有效的医疗服务。

通过云计算的协作功能,医疗机构可以共享诊断算法和经验,促进多方专家的意见整合，提升诊断决策的科学性。云平台为不同地区和机构的医疗专家提供了一个合作和交流的空间，使他们能够共享最新的研究成果和临床经验。这种协作不仅提高了诊断的准确性，也推动了医学知识的快速传播和应用。

(三)云计算推动的远程医疗诊断服务

通过云计算支持的实时数据传输，医生能够迅速获取患者的健康信息和历史记录。这种即时获取信息的能力极大提高了诊断效率，使医生能够在最短的时间内做出准确的判断。这不仅有助于提高医疗服务的响应速度，也为患者提供了更及时的治疗方案。实时数据传输的实现依赖云计算的高效数据处理能力，这使医疗诊断服务更加精确和可靠。

通过云计算平台，医疗机构得以实现跨地域的医疗资源共享。这一功能尤其对偏远地区的患者意义重大，他们可以通过远程医疗平台获得专家的诊断和治疗建议。云计算的这一特性打破了地理限制，使优质医疗资源能够惠及更广泛的人群。这种资源共享模式不仅提高了医疗服务的可及性，还促进了医疗资源的合理分配，从而提高了整体医疗服务的效率和质量。

在云计算环境下，远程医疗诊断服务能够集成多种传感器和监测设备的数据。这种数据集成能力为全面的健康监测和评估提供了基础，支持个性化医疗方案的制订。通过对多源数据的整合和分析，医疗机构可以为患者提供更为精准的健康管理建议。这种个性化的医疗服务模式不仅提升了患者的满意度，也提高了治疗的有效性，推动了医疗保健的创新发展。

借助云计算的智能分析能力，远程医疗诊断服务能够对患者的实时健康数据进行深入分析。这种分析能力帮助医生做出更准确的诊断决策，减少了误诊的可能性。智能分析不仅提高了诊断的准确性，还为医生提供了更多的决策支持信息，优化了医疗决策过程。

三、基于云的医疗记录分享与协作

(一)云平台上的医疗记录访问控制与权限管理

1.建立基于角色的访问控制

建立基于角色的访问控制模型有助于确保医疗记录的访问权限与用户角色

相匹配。通过这种方式,医疗机构能够有效地降低数据泄露的风险,确保只有具备相应权限的人员才能访问相关信息。这种模型的实施不仅提高了数据访问的安全性,还降低了权限管理的复杂性,使系统管理员可以更高效地管理用户权限。

2.实施多因素身份验证机制

实施多因素身份验证机制是增强用户身份确认安全性的重要措施。多因素身份验证要求用户在登录系统时提供多种形式的验证信息,如密码、短信验证码或生物识别信息。这种多层次的验证方式极大提高了系统的安全性,确保只有经过验证的用户能够访问敏感的医疗记录。随着网络攻击手段的不断演变,多因素身份验证已成为防止未经授权访问的重要手段。

3.利用加密技术保护医疗记录

利用加密技术保护医疗记录在存储和传输过程中的安全性是保障数据隐私的关键。通过加密,医疗记录在传输和存储过程中被转换为不可读的格式,只有持有正确解密密钥的用户才能读取这些信息。这种方法不仅能有效防止数据在传输过程中被截获,还能保护存储数据免受未经授权的访问和潜在的数据泄露威胁。

4.制定严格的访问审计策略

制定严格的访问审计策略有助于实时监控医疗记录的访问行为。通过访问日志的记录和分析,医疗机构可以及时识别并响应异常访问活动,确保所有访问行为都在可控范围内。访问审计策略的实施不仅有助于追溯安全事件的发生过程,还有助于为优化访问控制策略提供数据支持,进一步增强系统的安全性。

(二)跨平台医疗信息的数据同步与集成

云计算平台通过支持跨机构医疗信息的实时同步,确保不同医疗服务提供者能够及时获取患者的最新健康数据。这种实时同步能力使医生能够在患者转院或跨机构就诊时,快速获取完整的病历信息,从而做出更准确的诊断和治疗决策。云计算的这种能力不仅提高了医疗服务的效率,还显著减少了由于信息不对称或滞后导致的医疗误差。

云计算通过标准化数据格式和接口,实现了不同系统间的无缝集成。这种标准化的实现简化了医疗信息的共享流程，使各类医疗机构之间的信息交流更加顺畅。不同医疗系统之间的无缝集成不仅减少了人为干预的需要，还降低了由于数据格式不兼容而导致的信息丢失或误解的风险。通过云计算，医疗机构能更轻松地共享信息，这对患者的连续护理和医疗服务的整体质量提升具有重要意义。

智能数据映射功能是云计算在医疗信息集成中的一大优势。它能够自动识别和转换不同来源的数据，有效提升数据整合的准确性和效率。这种智能化的数据处理能力减少了人工数据整理的工作量，同时提高了数据的准确性。尤其是在面对来自不同医疗设备和系统的数据时，智能数据映射可以自动处理复杂的数据转换过程，确保最终整合的数据能够真实反映患者的健康状况。

利用云计算的分布式存储技术，医疗信息可以在多个地点安全存储和访问，增强数据的可用性与冗余性。这种分布式存储不仅提高了数据的安全性，还确保在某个存储节点出现故障时，数据仍然可以从其他节点获取。此外，分布式存储还使医疗信息的访问不再受地理位置的限制，医护人员可以在任何需要的地方及时获取患者的信息，从而提高了医疗服务的响应速度。

云计算环境下的自动化数据更新机制，能够确保医疗记录在各个系统间保持一致，降低因信息滞后带来的医疗风险。这种自动化更新机制能够实时监控和更新患者的健康数据，确保在任何医疗机构访问时，所获取的信息都是最新的。这不仅提高了医疗决策的准确性，还增强了患者对医疗服务的信任感。通过云计算，医疗行业能够更好地实现信息的实时共享和更新，推动整体医疗保健效率的提升。

（三）基于云的患者数据共享网络构建

在现代医疗保健领域，云计算技术的应用，使医疗信息能够实现实时更新，确保各医疗机构在患者治疗过程中获取最新的健康数据。这种实时性不仅提高了医疗决策的精准性，还降低了因信息滞后而导致的误诊风险。通过云端的集中管理，医疗机构可以更快捷地访问和共享患者的病历信息，从而促进跨部门、跨机构的协作。

基于云计算的患者数据共享网络能够打破地域限制，实现医疗信息的跨地域互通。对于偏远地区的医疗机构，这种互通性尤为重要，因为它能够显著提升这些地区患者的医疗服务可及性。通过云平台，偏远地区的医生可以获取到与大城市医院相同质量的患者信息，从而提高诊疗水平。同时，患者可以通过这一网络获得更为及时和准确的诊疗建议,缩短病程。

云平台在患者数据的标准化处理方面发挥着关键作用。不同医疗机构通常使用不同的数据格式,导致数据共享和集成面临挑战。云计算技术通过数据标准化,使不同机构间的数据格式一致,简化了数据共享的流程。这种标准化处理不仅提高了数据的可用性,还减少了因数据不一致而导致的误解和误用,确保了医疗信息的准确传递。

基于云的患者数据共享网络还具备智能分析的能力。通过对共享患者数据的深度挖掘,网络能够支持个性化医疗和精准治疗的实施。智能分析工具可以从海量数据中提取有价值的信息,为医生提供更为准确的诊疗建议。这种数据驱动的医疗模式,不仅提高了医疗服务的质量,还推动了医疗行业向精准化、个性化方向的发展。

第四节　教育领域的云计算应用

一、教育基础架构的云计算集成

(一)基于云计算的教育资源共享平台构建

云计算平台的核心优势在于能够实现教育资源的集中管理,教师和学生可以随时随地访问和更新学习材料。这种便捷性不仅提升了教育资源的利用效率,还为教育工作者提供了灵活的教学方式。通过云计算,教育机构得以打破地理限制,实现跨校区和跨地区的资源共享,从而促进教育资源的公平分配与利用。这种共享机制不仅有助于缩小教育差距,还为偏远地区的学生提供了更多的学习机会。

云计算支持教育资源的实时更新与版本控制。教育资源的快速更新和版本管理确保了所有用户都能获取最新的学习内容和资料,从而提高了教学的时效性和准确性。此外,基于云计算的教育资源共享平台能够集成多种教学工具和应用,如在线课堂、互动白板和虚拟实验室等。这些工具的集成极大提升了教学效果,丰富了学习体验,使教学活动更加生动和富有吸引力。通过这种方式,学生的学习兴趣和参与度得到了显著提高。

云计算平台的强大数据分析能力为个性化教育提供了有力支持。通过对学习者的学习进度和效果进行跟踪和分析，云计算平台能够为教育工作者提供详尽的数据报告。这些数据不仅有助于教师了解学生的学习状况，还可以帮助他们调整教学策略，实现因材施教。个性化教育的实施，不仅能够满足不同学生的学习需求，还能激发学生的学习潜力，使他们在学习过程中获得更大的成就感和满足感。

（二）教育机构的云服务集成与优化

通过将云计算技术融入教育系统，教育机构能够极大地提升信息化管理效率，优化资源配置，减少不必要的冗余投资。这一转变不仅提高了资源的利用率，还使教育机构能够更灵活地应对不断变化的教育需求和技术发展。此外，云计算技术为教育机构提供了一个强大的工具来整合多种教学资源和平台，促进了信息的共享和协作。

云计算的集成使教育机构能够实现跨平台的教学工具和应用的无缝集成，极大地增强了教学活动的互动性和灵活性。这种集成不仅使教师可以更方便地访问和使用各种教学资源，还为学生提供了更加丰富的学习体验。通过云计算平台，教师可以轻松地创建和管理多媒体课程内容，学生则可以随时随地进行学习，极大地增强了学习的自主性和灵活性。这种灵活的教学模式也为教育机构提供了更多的创新教学方法的可能性。

云服务集成支持实时数据分析，帮助教育机构监测学生的学习进度和表现。通过对学生学习数据的实时分析，教师可以及时调整教学策略，以满足不同学生的学习需求。这种数据驱动的教学方式使教育过程更加精准和高效，帮助教师更好地理解学生的学习习惯和困难之处，从而提供更有针对性的指导和支持。这种实时监测和反馈机制不仅提高了教学质量，还增强了学生的学习效果。

基于云计算的教育服务平台为多方协作提供了可能，促进了教师、学生和家长之间的有效沟通与反馈。通过这些平台，教师可以更方便地与学生和家长进行互动，及时传达学生的学习情况和需要改进的地方。这种开放的沟通渠道不仅增强了家校之间的联系，还为学生的全面发展提供了更有力的支持。家长也可以通过平台了解孩子的学习进度，积极参与孩子的教育过程。

（三）云端教学管理系统的设计与应用

云端教学管理系统不仅是传统教学管理的延伸，更是通过技术手段实现教育资源的优化配置。其设计初衷在于为教育机构提供一个灵活、高效的平台,以应对日益复杂的教学需求。通过云计算的集成,教育机构能够更好地管理教学资源,提升教学效率,进而促进教育质量的提高。

在云端教学管理系统的架构设计中,模块化特性是一个关键因素。模块化设计的优势在于其灵活性和可扩展性,允许系统在不影响整体功能的情况下进行局部更新或扩展。这种设计理念不仅降低了系统维护的复杂性,还为未来的功能扩展提供了便利。随着教育需求的不断变化,模块化架构能够快速响应并进行调整,确保系统始终处于最佳运行状态。此外,模块化设计也有助于不同教育机构根据自身需求进行个性化定制,提升系统的适用性和用户满意度。

云端教学管理系统支持多种终端的访问。现代教育已不再局限于课堂,移动学习成为趋势。因此,系统需要兼容电脑、平板和手机等多种设备,以满足用户在不同情境下的使用需求。无论是教师还是学生,都可以通过各自的终端设备随时随地访问系统,实现无缝连接的教学体验。这种多终端支持不仅提升了用户的使用便利性,也为教育机构提供了更广泛的教学方式选择。

实时数据分析工具的集成是云端教学管理系统的核心功能之一。通过这些工具,教师可以即时获取学生的学习进度和表现反馈,从而对教学策略进行及时调整。这种实时数据分析能力不仅能帮助教师更好地了解学生的学习状态,还能为个性化教学提供数据支持。通过对学习数据的深入分析,教师可以识别学生的学习瓶颈,并采取针对性的教学措施,提升学生的学习效果。

为了保护用户数据安全和确保信息的适当共享,云端教学管理系统必须具备灵活的权限管理功能。权限管理不仅涉及对用户访问权限的控制,还包括对数据共享范围的设置。合理的权限管理能够有效保护用户的隐私,防止敏感信息的泄露。同时,合理的权限管理能确保信息在授权范围内的适当共享,促进教学资源的合理利用和协作。灵活的权限管理功能是保障系统安全性和可靠性的基础。

云端教学管理系统应支持多语言和多文化环境,以满足不同背景学生的学习需求。随着全球化进程的加快,教育的国际化趋势愈发明显。不同文化背景的学生对教学资源的需求各异,系统需要提供多语言支持,以消除语言障碍,促进跨文化交流和学习。通过对多文化环境的支持,教育机构可以更好地服务于国际学生群体,提升其全球竞争力。云端教学管理系统的多语言和多文化支持,是实现教育公平和多样性的关键。

二、智能化教学平台的云端部署

(一)基于云计算的个性化学习路径优化

通过云计算技术,教育机构能够根据每位学生的学习习惯和进度自动调整学习路径,为学生提供量身定制的学习资源和活动。这种方式不仅提升了学习的针对性和有效性,还极大增强了学生的学习体验。云计算的强大计算能力和数据处理能力使实时数据分析成为可能,教师和教育管理者可以实时跟踪学生的学习表现,及时识别学习困难,并制定相应的干预措施,帮助学生克服学习障碍。

在云计算支持下,个性化学习路径优化能够为每位学生创建独特的学习目标和评估标准。教师可以根据学生的具体需求和学习进度,设计个性化的学习计划,确保每位学生都能在适合自己的节奏中学习。这种个性化的学习方法不仅提高了学生的学习效率,还帮助学生建立自信心和自主学习能力。通过灵活的云平台,教师可以不断调整和优化教学策略,以适应学生的变化和需求。

云计算环境下的个性化学习路径优化能够整合多种学习资源,包括视频、测验和互动内容,极大地丰富了学生的学习体验。这种多样化的学习资源不仅能够激发学生的学习兴趣,还能满足不同学生的学习偏好和需求。通过多种形式的学习材料,学生可以更深入地理解学习内容,提升学习效果。此外,教师也可以利用这些资源设计更具创新性和互动性的教学活动,激发学生的创造力和批判性思维。

基于云计算的个性化学习路径优化能够促进学生之间的协作学习。通过云平台,学生可以共享和讨论不同的学习方法和成果,这不仅有助于知识的传播和共享,还有助于提升学生的团队合作能力。协作学习不仅提升了学生的学习效果,还帮助学生培养了重要的社交技能和沟通能力。在这种学习模式下,学生之间的互动和合作成为学习过程的重要组成部分,极大地丰富了学生的学习体验。

(二)智能化教学平台的负载均衡与资源分配

通过动态负载均衡技术,智能化教学平台能够实时监测用户访问情况,自动调整资源分配,这不仅确保了系统性能的稳定性,还提升了响应速度。这种技术的应用使平台可以在用户访问量剧增时,依然保持流畅的用户体验,避免因资源短缺导致的系统崩溃或响应延迟。

资源分配策略的设计应充分考虑用户需求和课程类型的多样性,以优化计算资源的使用效率。特别是在高峰时段,系统需要提供更高的服务质量,以满足大量用户同时在线学习的需求。通过对不同课程类型的分析,平台可以制定更为精准的资源分配策略,从而在资源有限的情况下,最大化地满足用户的学习需求。这种策略不仅提高了资源的利用效率,还有效地降低了运营成本。

云计算的弹性伸缩功能为智能化教学平台提供了灵活的资源管理方式。根据实时流量变化,平台能够自动增加或减少资源,以应对不同的学习活动需求。这种弹性伸缩的能力,使平台在面对突发的大规模在线学习活动时,能够迅速调配资源,确保系统的稳定运行。弹性伸缩不仅提高了平台的灵活性,还增强了其应对不确定性需求的能力。

智能化教学平台应集成智能调度算法,以合理分配存储和计算资源。通过这些算法,平台能够避免资源浪费,提高系统整体的运行效率。智能调度算法可以根据实时数据分析,动态调整资源的使用,确保每个用户都能获得最佳的学习体验。合理的资源调度不仅提高了系统的效率,还为用户提供了更加稳定和高效的学习环境。

三、个性化学习的云技术支持

(一)云计算支持的学习数据个性化分析

云计算平台具备强大的数据处理能力,能够实时收集和分析学生的学习数据。这种能力使教育机构可以识别每位学生的学习习惯和偏好,从而为其提供量身定制的学习建议。这种个性化的学习指导不仅提升了学生的学习效果,也增强了他们的学习体验。通过云计算的智能算法,教育机构能够深入分析学生的学习成绩和进度。这种分析不仅帮助教师更好地理解学生的学习状态,还使他们能够制订更加针对性的学习计划,以便充分发挥每位学生的潜力。

云计算支持多种数据来源的整合,教师可以从不同的学习活动和评估中获取全面的学生表现信息。这种整合能力使教师能够更全面地了解学生的学习进展,从而更有效地实施个性化教育。通过整合来自课堂活动、在线学习平台和评估测试的数据,教师可以获得学生在不同环境下的表现信息。这种全面的信息视角,帮助教师更好地调整教学策略,以满足不同学生的学习需求。这种数据整合不仅促进了个性化教育的实施，也提升了教育的整体质量。

云计算的实时反馈机制是其在个性化学习中一个重要的支持功能。学生能够通过实时反馈机制及时了解自己的学习进展和不足之处，从而调整学习策略，提升学习效率。实时反馈不仅帮助学生在学习过程中及时纠正错误，也激发了他们的学习动机。通过云计算平台，学生可以随时获取关于自己学习表现的详细反馈，这种及时性和可访问性是传统教育模式所无法比拟的。云计算的实时反馈机制，为学生提供了一个自我反思和自我调整的机会，增强了他们的自主学习能力。

云计算环境下的学习数据分析为教育管理者提供了全局视角。通过分析大规模的学习数据，管理者能够识别普遍的学习趋势和问题，进而优化课程设计和教学方法。这种全局视角不仅帮助管理者做出更明智的决策，也推动了教育的创新发展。通过对学习数据的全局分析，教育管理者可以更好地理解学生群体的需求和挑战，从而在课程设计和教学方法上做出更具针对性的调整。这种基于数据驱动的教育管理，提高了教育系统的整体效率。

(二)智能化学习推荐系统的云部署

云计算平台通过其强大的计算能力和灵活的资源管理，能够支持实时数据分析。这种分析基于学生的学习行为和偏好，智能推荐个性化学习资源，从而显著提高学生学习效率。通过对海量数据的处理，云计算平台不仅能快速响应，还能提供精确的学习建议，帮助学生在最短的时间内获取最有效的知识。

智能化学习推荐系统可以集成多种学习资源，包括视频、测验和互动内容。这种多样化的资源整合，极大地丰富了学生的学习体验，能够满足不同学习需求。通过提供多种形式的学习材料，系统不仅能提高学生的参与度，还能激发他们的学习兴趣。学生可以根据自己的学习风格和兴趣选择合适的学习路径，从而实现真正的个性化学习。

智能化学习推荐系统应具备自适应能力，这意味着它能够根据学生的学习进度和反馈，动态调整推荐内容。这样的自适应功能确保了学习路径的个性化和有效性。通过持续监控学生的学习状态，系统可以做出实时调整，确保每位学生都能在适合自己的节奏下学习。这种动态调整不仅能提高学习的针对性，还能帮助学生更好地掌握学习内容。

通过云计算的智能算法，推荐系统能够分析学生的学习成绩和历史数据，识别潜在的学习困难并提供针对性支持。这种分析能力使系统能够在早期发现学生的学习障碍,提供及时的干预措施。通过个性化的支持和指导,学生能够更有效地克服学习困难,提升学习成果。

云计算环境下的学习推荐系统具备强大的扩展性,这种扩展性使教育机构能够根据不断变化的教育需求和技术进步,及时更新和优化学习推荐系统。通过灵活的调整,系统可以不断适应新的教育趋势和学生需求,保持其在教育领域的前沿地位。这种灵活性不仅提高了系统的适应能力,也为教育机构提供了更大的发展空间。

(三)基于云计算的学习进度实时跟踪

基于云计算的学习进度实时跟踪系统能够自动收集学生在各类学习活动中的参与数据,确保教师能够及时获取每位学生的学习状态。这种实时数据的获取使教师能够更准确地掌握学生的学习进度,并根据学生的个体需求进行教学调整。通过这种方式,教育者可以更加有效地实施个性化教学策略,从而提升教学质量和学生的学习效果。此外,学生也可以通过系统了解自己的学习进展,增强自我学习的主动性和动力。

基于云计算的学习进度实时跟踪系统利用先进的数据分析算法,实时生成学生学习进度的可视化报告。这些报告不仅帮助教师快速识别学生的学习成效与问题区域,还为学生提供了直观的反馈,使他们能够清晰地看到自己的学习进展和需要改进的地方。通过分析这些数据,教师可以制订更有针对性的教学计划,帮助学生克服学习中的困难。对于学生,这种可视化的反馈机制有助于提高他们的学习兴趣和自我管理能力,促进更深层次的学习体验。

云计算环境下的学习进度跟踪系统支持多终端访问,使教师和学生都能随时随地查看学习进度,提升学习的灵活性和便利性。无论是在课堂上还是在家中,学生和教师都可以通过电脑、平板或手机等设备访问系统,获取实时的学习数据。这种无缝的访问体验不仅提高了教学和学习的效率,也使教育资源的利用更加充分。在这样的环境中,学生能够根据自己的节奏进行学习,教师也能够更好地管理和指导学生的学习活动。

系统能够根据学生的实时反馈和学习行为,动态调整学习计划和内容推荐,确保学习体验的个性化和有效性。通过分析学生的学习习惯和偏好,系统可以为每位学生定制个性化的学习路径和资源推荐。这种动态调整机制不仅提升了学生的学习效果,也增强了他们对学习的兴趣和参与度。教师可以借助系统提供的建议,设计更符合学生需求的教学活动,进一步推动个性化教育的发展。

参考文献

[1]刘甫迎,杨明广.云计算原理与技术[M].北京:北京理工大学出版社.2021.

[2]董良,何为凯,赵儒林.云计算技术与实现[M].东营:中国石油大学出版社.2021.

[3]时瑞鹏.云计算基础与应用[M].2版.北京:北京邮电大学出版社.2022.

[4]李文娟,刘军,胡克用.云计算与虚拟化教程[M].上海:上海交通大学出版社.2022.

[5]郑天民.分布式系统架构与开发:技术原理与面试题解析[M].北京:机械工业出版社.2022.

[6]胡伦,袁景凌.面向数字传播的云计算理论与技术[M].武汉:武汉大学出版社.2022.

[7]苗春雨,杜廷龙,孙伟峰.云计算安全:关键技术、原理及应用[M].北京:机械工业出版社.2022.

[8]韩健.分布式协议与算法实战:攻克分布式系统设计的关键难题[M].北京:机械工业出版社.2022.

[9]汤兵勇,徐亭,章瑞.云图·云途:云计算技术演进及应用[M].北京:机械工业出版社.2021.

[10]张义明.云计算关键技术发展与创新应用研究[M].长春:吉林科学技术出版社.2022.

[11]刘静.云计算与大数据应用研究[M].长春吉林出版集团股份有限公司.2022.

[12]王炜,张思施.云原生架构与 GitOps 实战[M].北京:机械工业出版社.2023.

[13]石春刚,郑宇宁,徐庆吉.自顶向下的 Ceph 分布式存储系统基本原理[M].北京:中国宇航出版社.2023.

[14]曾宪琳,洪奕光,方浩.多智能体系统的分布式非光滑优化控制[M].北京:北京理工大学出版社.2023.

[15]吴疆,朱江,林灵.基于云计算的大数据处理技术研究[M].北京:中国原子能出版社.2021.

[16]万李.新时代背景下云计算先进技术与创新发展研究[M].中国原子能出版社.2021.